FORSCHUNGSBERICHTE DES LANDES NORDRHEIN-WESTFALEN

Herausgegeben durch das Kultusministerium

Nr. 815

Prof. Dipl.-Ing. Wilhelm Sturtzel
Obering. Kurt Helm
Dr.-Ing. Erich Schäle
Versuchsanstalt für Binnenschiffbau e.V. Duisburg

Versuche mit ummantelten Schraubenpropellern zur Ermittlung der Maßstab-Kennzahl

Als Manuskript gedruckt

WESTDEUTSCHER VERLAG / KÖLN UND OPLADEN

1959

ISBN 978-3-663-03884-9   ISBN 978-3-663-05073-5 (eBook)
DOI 10.1007/978-3-663-05073-5

Gliederung

A. Übersicht und Aufgabenstellung . . . . S. 5

B. Versuchsvorbereitung und Meßgeräte . . . . S. 6

C. Versuchsprogramm und Versuchsdurch-
   führung . . . . S. 9

    I. Freifahrtversuche . . . . S. 9

   II. Widerstandsmessungen und Ermittlung der
   Schleppleistungen für die Großaus-
   führung . . . . S. 11

  III. Propulsions- und Trossenzugsmessungen . . . . S. 13

D. Rechnungsbeispiel . . . . S. 16

E. Zusammenfassung und Schlußfolgerung . . . . S. 19

   Literaturverzeichnis . . . . S. 23

   Anhang . . . . S. 24

A. Übersicht und Aufgabenstellung

Für die Umrechnung von Schiffsmodell-Versuchsergebnissen auf die Großausführung besteht die Schwierigkeit, daß hierfür zwei verschiedene Gesetze maßgebend sind: Für die der Schwere unterworfenen Kräfte, wie Form- und Wellenwiderstand, ist das Froudesche Gesetz, für den Zähigkeitseinfluß (Reibungswiderstand) aber das Reynoldssche Gesetz anzuwenden.

Obwohl die Widerstände aller vollständig eingetauchten Schiffsanhänge (Wellenaustritte, Wellen, Wellenböcke, Ruder, Schraubenummantelungen und Propellerschutzgitter) im wesentlichen dem Reynoldsschen Gesetz unterliegen, ist es in der Versuchstechnik bisher allgemein üblich, auch diese nach dem Froudeschen Gesetz zu übertragen, wobei der Reibungsanteil dieser Anhänge durch Berücksichtigung der benetzten Oberfläche bei der Berechnung des Gesamt-Reibungswiderstandes mit erfaßt wird.

Obwohl dieses Verfahren die Anhängewiderstände etwas zu hoch bewertet, ist seine Anwendung doch zur Vereinfachung der Umrechnung solange gerechtfertigt, wie sich die Anhängewiderstände innerhalb der normalen Grenzen halten, d.h. bis zu etwa 4 % ... 6 % des Gesamtwiderstandes betragen. Bei den üblichen Modellmaßstäben beträgt der entstehende Fehler etwa bis zu + 2% des Gesamtwiderstandes; er wird als "stille Reserve" betrachtet.

Bei Düsen und Propellerschutzgittern kann aber der durch die alleinige Verwendung des Froudeschen Verfahrens entstehende Fehler nicht mehr in Kauf genommen werden, vor allem nicht bei sehr kleinen Modellen, wie sie z.B. für die Untersuchung ganzer Schlepp- oder Schubverbände gewählt werden müssen, um Manövrier- und Drehkreisversuche durchführen zu können. Um auch hier die entstehenden Fehler auf ein vernünftiges Maß zu beschränken, wurden für die Umrechnung dieser Widerstandsanteile auf Anregung von HELM die Windkanalmessungen an Strebenprofilen von HOERNER herangezogen.

Abgesehen von der Umständlichkeit dieser Berechnungsart blieb jedoch für Düsen immer noch die Tatsache unberücksichtigt, daß die Strebenprofile mit geraden Mittellinien beiderseits gleichmäßig angeströmt wurden, während die Düsen erstens gekrümmt sind, und zweitens die Anströmgeschwindigkeiten innerhalb und außerhalb der Düsen erheblich voneinander abweichen; außerdem ist die Geschwindigkeit in den Düsen noch zusätzlich von der Propellerbelastung abhängig.

Aus diesem Grunde wurde die Versuchsanstalt für Binnenschiffbau vom Ministerium für Wirtschaft und Verkehr des Landes Nordrhein-Westfalen mit der Aufgabe betraut, für die Erfassung des Maßstabseinflusses von Düsen ein weniger zeitraubendes und zugleich zuverlässigeres Übertragungsverfahren zu entwickeln. Zu diesem Zweck wurden Propeller und Düse freifahrend und an den Modellen eines Hafenschleppers in den 5 Maßstäben 1 : 9, 1 : 13, 1 : 17, 1 : 21 und 1 : 25 untersucht. Die Düse war als Steuerdüse ausgebildet, um das System "Propeller + Düse" freifahrend untersuchen zu können.

B. Versuchsvorbereitung und Meßgeräte

Der Maßstab des größten Modells (1 : 9) der untersuchten Modellfamilie mußte den vorhandenen Tankabmessungen und Meßgeräten angepaßt werden, während der Maßstab des kleinsten (1 : 25) so gewählt werden mußte, daß noch eine ausreichende Meßgenauigkeit erreicht werden konnte; die drei übrigen Maßstäbe wurden gleichmäßig zwischen diese beiden Grenzstäbe gelegt. Die gewählten Grenzmaßstäbe liegen gleichzeitig schon außerhalb der üblichen in der VBD verwendeten Maßstäbe, außerdem gehen auch die Reynoldsschen Zahlen der Modellpropeller über den allgemein üblichen Bereich hinaus. KEMPF und GUTSCHE geben als Grenze für nachweisbaren Maßstabseinfluß eine Reynolds-Zahl von $1 \cdot 10^6$ an, was bei dem von uns untersuchten Propeller einem Maßstab von 1 : 7 entsprechen würde. Nach unseren Erfahrungen braucht aber schon bei kleineren Reynoldsschen Zahlen als bei dem größten jetzt untersuchten Propeller praktisch kaum noch ein Maßstabseinfluß berücksichtigt zu werden (vgl. WAGENINGER Meßserien für Propeller in Düsen). Für den verwendeten Maßstab 1 : 9 ist er jedenfalls so gering, daß er bei der Umrechnung auf das große Schiff nicht mehr in Erscheinung tritt.

Wie schon erwähnt, wurden die Düsen mit Propellern sowohl am Schiffsmodell als auch freifahrend untersucht; hierbei wurden Propeller- und Düsenschub getrennt gemessen. Da diese Messungen als sogenannte "Nullpunktsmessungen" durchgeführt wurden (d.h., die beim Arbeiten auftretenden Kräfte werden durch entsprechende Gegenkräfte kompensiert), mußte verhindert werden, daß die Düse während der Messung ihre Lage zum Propeller zu sehr verändern konnte, wodurch unzulässige Schwankungen des Abstandes zwischen Flügelspitzen und Düsenwand aufgetreten wären, die Schubschwankungen verursacht hätten. Deshalb wurde die Propellerwelle in einer hinteren Leitflosse der Düse in einem ballig gedrehten Sinterlager mit 0,1 mm Spiel gelagert.

Da die zur Verfügung stehenden Angaben über Messungen mit dem großen Schiff für diesen Zweck nicht ausreichten, wurde die von KEMPF und GUTSCHE genannte Grenze für Maßstabseinfluß als Grundlage angenommen und damit der Maßstab 1 : 7 als Strakpunkt für nicht mehr vorhandenen Maßstabseinfluß bei der untersuchten Modellfamilie verwendet.

Die Oberfläche der Modelle wurde besonders sorgfältig bearbeitet, die Schiffsmodelle mehrfach gespachtelt, geschliffen und schließlich lackiert, die Propeller hochglanzpoliert und die Düsen aus Plexiglas hergestellt, um praktisch glatte Oberflächen zu erhalten.

Die Schiffsmodelle erhielten zur Turbulenzerzeugung Stolperdrähte aus Perlondraht mit 0,8 mm ⌀ auf Spt. 8 und Spt. 7.

Alle Untersuchungen wurden für eine korrespondierende Wassertiefe von 9 m durchgeführt, die korrespondierenden Wasserbreiten wurden durch die Breite des zur Verfügung stehenden Schlepptanks (9,8 m) bestimmt, sie sind der Zusammenstellung auf Seite 8 zu entnehmen.

Der Abstand der Propeller-Flügelspitzen von der Innenhaut der Düsen betrug zwischen 1 % und 1,4 % des Propellerdurchmessers.

Abbildung 1 zeigt die 5 Modellpropeller und die dazugehörigen Düsen, Abbildung 2 die Schiffsmodellfamilie. Auf Anlage 3 ist die Konstruktionszeichnung der Propeller wiedergegeben, Anlage 4 zeigt die der Düsen, während auf Anlage 5 die Haupt-Konstruktionsdaten der Düse mit einer Skizze zusammengestellt sind.

Die Düsen sind, wie schon erwähnt, aus Plexiglas hergestellt worden. Sie waren rotationssymmetrisch ausgebildet und hatten im Düsenaustritt eine Abreißkante für Vorwärtsfahrt; die dahinter liegende Abrundung soll auch bei Rückwärtsfahrt eine gewisse Düsenwirkung gewährleisten. Außerdem war auch im Düsenmund eine Abreißkante, diesmal für die Rückwärtsfahrt, angebracht.

Zur Messung der Momente diente für die kleinen Kräfte der im Maßstab 1 : 25 und 1 : 21 hergestellten Modelle ein Pendelmotor (bis 6000 cmg), bei den größeren Modellen wurde mit Federdynamometer gemessen.

Die Anlage 6 zeigt schematisch die Einrichtung zur Messung der Schübe bei den Freifahrtversuchen. Während bei den kleinen Modellen die Feinmessung (Nullpunktsmessung) mit einer Federwaage durchgeführt wurde (Meßanordnung 1), mußte für die größeren Kräfte (Maßstab 1 : 13 und 1 : 9) ein Biegungsmeßstab mit Dehnungsstreifen verwendet werden (Meßanordnung 2).

Schiffs- und Modellabmessungen des Kort-Steuerdüsen-Hafenschleppers

Leistung ca. 1000 PSe bei 250 Propeller-Upm   Freifahrtgeschwindigkeit ca. 22 km/h   Wassertiefe 9,0 m

Modell Nr.		---	123	124	125	126	127
Maßstab		1 : 1	1 : 9	1 : 13	1 : 17	1 : 21	1 : 25
Abmessungen des Schiffs und der Modelle:							
Länge über Alles	m	38,550	4,283	2,965	2,268	1,836	1,542
Länge zwischen den Loten	m	34,500	3,833	2,654	2,029	1,634	1,380
Breite auf Spanten	m	8,500	0,944	0,654	0,500	0,405	0,340
Tiefgang im Mittel	m	3,625	0,403	0,279	0,213	0,173	0,145
Tiefgang am Heck	m	4,250	0,472	0,327	0,250	0,202	0,170
Verdrängung	m³ bzw. dm³	532	729,77	242,15	108,28	57,45	34,05
Völligkeit δ, bez. a. Lpp		0,500	0,500	0,500	0,500	0,500	0,500
Propellerdaten (Wageninger Serienschraube Typ B 4.55):							
Propeller Nr.		- - -	57	58	59	60	61
Durchmesser	mm	2400	266,7	184,6	141,2	114,2	96,0
Steigung soll	mm	1902	211,3	146,3	111,9	90,6	76,1
Steigung ist	mm		211,3	147,9	112,1	90,4	76,5
Steigungsverhältnis H/D soll		0,793	0,793	0,793	0,793	0,793	0,793
Steigungsverhältnis H/D ist			0,793	0,801	0,794	0,792	0,797
Reynolds-Zahl des Propellers R_p		$1,43 \cdot 10^7$	$5,32 \cdot 10^5$	$3,08 \cdot 10^5$	$2,05 \cdot 10^5$	$1,5 \cdot 10^5$	$1,15 \cdot 10^5$
Reynols-Zahl der Düse R_d		$4,50 \cdot 10^6$	$1,68 \cdot 10^5$	$9,75 \cdot 10^4$	$6,45 \cdot 10^4$	$4,70 \cdot 10^4$	$3,63 \cdot 10^4$
Korrespondierende Wasserbreite für das große Schiff	m	- - -	88,2	127,4	166,6	205,8	245,0

Seite 8

C. Versuchsprogramm und Versuchsdurchführung

I. Freifahrtversuche

Die Freifahrten der Propeller und der Propeller in den Düsen sollten für eine korrespondierende Drehzahl von 250 Upm durchgeführt werden. Aus technischen Gründen konnte diese Bedingung für die Modellpropeller jedoch nur näherungsweise erfüllt werden:

Maßstab	1 : 1	1 : 9	1 : 13	1 : 17	1 : 21	1 : 25
Drehzahl/s soll	4,17	12,50	15,00	17,17	19,09	22,08
ist	---	13,5	15,0	16,6	19,0	22,25

Da bei normalen Modellversuchen mit Düsenschiffen die Meßwerte für das Schiff mit Düse und die Freifahrtkurve des Propellers ohne Düse vorliegen, mußte der Vergleich und die Bemessung des Maßstabseffektes auf diese Bedingungen abgestellt werden. Gleichzeitig gestatten die Freifahrten mit den Propellern ohne Düse den Vergleich mit anderen Propeller-Maßstabsversuchen (vgl. Anl. 16).

Auswertung und Ergebnisse der Freifahrtversuche:

Für die Auftragung und Auswertung der Meßwerte wurden die folgenden Beziehungen verwendet:

Fortschrittsgrad des Propellers ohne Düse: $\Lambda_p = \dfrac{v_p}{n \cdot D_p}$

Fortschrittsgrad des Düsensystems: $\Lambda_d = \dfrac{v_d}{n \cdot D_p}$

Schubbeiwert des Propellers ohne Düse: $K_s = \dfrac{S_p}{g \cdot D_p^4 \cdot n^2}$

Schubbeiwert des Düsensystems: $K_s^* = \dfrac{S_p + S_d}{g \cdot D_p^4 \cdot n^2}$

Momentenbeiwert des Propellers: $K_m = \dfrac{M}{g \cdot D_p^5 \cdot n^2}$

Propellerwirkungsgrad: $$\eta_p = \frac{K_s}{K_m} \cdot \frac{\Lambda_p}{2\pi}$$

Propellerwirkungsgrad in der Düse: $$\eta_p^* = \frac{K_s^*}{K_m} \cdot \frac{\Lambda_d}{2\pi}$$

Abgekürzter Schubbelastungsgrad (allgemein): $$C_s = \frac{S}{\varrho \cdot v_p^2 \cdot D^2} = \frac{K_s}{\Lambda^2}$$

Reynolds-Zahl des Propellers: $$\mathcal{R}_p = \frac{\pi \cdot 0{,}75\, D_p \cdot n \cdot l_{0{,}75\,D_p}}{\nu} \;^{**)}$$

Reynolds-Zahl der Düse: $$\mathcal{R}_d = \frac{v_d \cdot l_d}{\nu}$$

[$^{**})$ Bei $\mathcal{R}_p$ wurde v_e vernachlässigt, weil diese Geschwindigkeit im Vergleich zur Umfangsgeschwindigkeit so klein war, daß sie die Reynolds-Zahl nur unwesentlich verändert hätte. Der Wirkungsgrad der Modellpropeller wurde mit η'_p, der des großen Propellers mit η_p bezeichnet.]

Anlage 7 zeigt die Reynolds-Zahlen für alle untersuchten Propeller für Drehzahlen zwischen 5/s und 50/s, der Parameter für die vorgeschriebene Drehzahl von 250 Upm der Großausführung zeigt den erfaßten Bereich, von etwa $1{,}2 \cdot 10^5$ bis $5{,}5 \cdot 10^5$, an. Der von KEMPF und GUTSCHE angegebene Grenzwert von 10^6 für nicht mehr nachweisbaren Maßstabeinfluß hätte, wie schon früher bemerkt, etwa einem Modellmaßstab von 1 : 7 entsprochen.

Auf Anlage 8 sind die Propellerfreifahrtergebnisse (ohne Düse) zusammengestellt, die gestrichelte Kurve für η_p wurde durch Durchstraken der Meßwerte bis zum Maßstab 1 : 7 ermittelt.

Die Anlage 8 zeigt neben dem erwarteten Anstieg der K_m-Werte mit abnehmender Modellgröße und dem entsprechenden Abfall der Propellerwirkungsgrade auch einen Abfall der Schubbeiwerte bei Fortschrittsgraden über 0,4.

Die Ergebnisse der Freifahrten der Propeller mit Düsen sind in Anlage 9 aufgetragen. Da die Düsen bei ungefähr 3 mal kleineren Reynolds-Zahlen arbeiten als die Propeller, macht sich auch der Maßstabseinfluß auf die K_s^*-Werte stärker bemerkbar. Außerdem zeigt aber die Anlage 10, die die Beiwerte der gemessenen Düsenschübe gesondert enthält, daß bei dem untersuchten Düsenprofil ein zusätzlicher Schub durch die Düse nur bis zu Fortschrittsgraden von etwa 0,5 ausgeübt wird, während mit größer werdenden Fortschrittsgraden der Widerstand der Düse ihren Schub in zunehmendem Maße überwiegt, so daß der Schubbeiwert der Düsen K_{sd} negativ wird. Die Einlaufpunkte der K_s^*-Kurven der Anlage 9 für Gesamtschub Null müssen also auch bei geringeren Fortschrittsgraden liegen als die der K_s-Kurven der Propeller allein auf Anlage 8.

Die Anlagen 11 und 12 zeigen den für den freien Propeller und den Propeller in der Düse errechneten Maßstabeinfluß η'_p/η_p, einmal über K_s bzw. K_s^* und einmal über K_m aufgetragen; die Anlagen 13 und 14 geben den Maßstabseffekt und die Wirkungsgrade über dem Schubbelastungsgrad wieder. Man erkennt die Abhängigkeit des Maßstabseinflusses von der Propellerbelastung, und die Gegenüberstellung der Werte für den Propeller ohne und mit Düse weisen den mit steigender Belastung zunehmenden Maßstabseinfluß der Düse auf die Ergebnisse nach.

Eine weitere Gegenüberstellung des Maßstabseinflusses für den Propeller mit und ohne Düse ist auf den Anlagen 15 und 15a für verschiedene konstante Schubbelastungsgrade, diesmal abhängig von der Reynolds-Zahl, gezeigt.

Abschließend wurden die Ergebnisse der Propellerfreifahrten (ohne Düse) zur Kontrolle in ein von der Hamburgischen Schiffbau-Versuchsanstalt zusammengestelltes Diagramm aller bekannt gewordenen Ergebnisse von Propellermaßstabsversuchen (für $C_s = 1,0$) eingetragen. Die gute Übereinstimmung der jetzigen Messungen mit der Kurve des Diagramms läßt den Schluß zu, daß auch der bei den vorliegenden Versuchen ermittelte Maßstabeffekt des gesamten Düsensystems - zumindest für gut geschliffene Bronzepropeller und sorgfältig gearbeitete Düsen - richtig erfaßt wurde (vgl. Anlage 16) ein möglicherweise vorhandener maßstabsabhängiger Einfluß der Schiffsform auf das Düsensystem ist durch die bisher beschriebenen Untersuchungen selbstverständlich nicht erfaßt worden.

II. Widerstandsmessungen und Ermittlung der Schleppleistungen für die Großausführung

Wie aus der auf Seite 8 beigefügten Tabelle hervorgeht, konnte bei den Widerstands- und Propulsionsmessungen die Wassertiefe maßstäblich verändert werden, während die Tankbreite in allen Fällen unverändert blieb, weshalb die korrespondierende Wasserbreite mit abnehmender Modellgröße zunimmt. Zur Ausschaltung dieses Breiteneinflusses und des Maßstabseinflusses der Schiffsmodelle bei den Propulsionsmessungen wurden zunächst sämtliche Modelle auf ihren Widerstand hin untersucht. Wie schon früher erwähnt, waren alle Modelle mit 0,8 mm starken Perlon-Stolperdrähten auf den Konstruktionsspanten 9 und 7 zur Turbulenzerzeugung versehen worden.

Zur Auswertung der Ergebnisse wurden die Original-Meßpunkte unter Verwendung der Froudeschen Reibungsbeiwerte auf die Großausführung umgerechnet und abhängig von der Schiffsgeschwindigkeit auf Anlage 17 zusammengestellt. Sieht man von den Streuungen ab, so läßt sich durch die Meßpunkte der Maßstäbe 1 : 17 bis 1 : 25 für den gesamten untersuchten Geschwindigkeitsbereich zwischen 6 km/h und 24 km/h eine gemeinsame Kurve legen. Die beiden größten Modelle (Maßstab 1 : 13 und 1 : 9) folgen der gemeinsamen Kurve jedoch nur bis zu einer Geschwindigkeit von ca. 22 km/h (vgl. auch Anlage 18, Trimm- und Tauchungskurven). Bei höheren Geschwindigkeiten ergeben sich für diese beiden letzten Modelle höhere Umrechnungswerte als für die kleineren Modelle. Hier macht sich also der Einfluß der Tankbreite bemerkbar. Im vorliegenden Fall kann gesagt werden, daß ein Breiteneinfluß für korrespondierende Wasserbreiten unter 167 m nachweisbar ist.

Dieser Wert deckt sich recht gut mit unseren bisherigen Versuchserfahrungen, nach denen bei normalen Binnenschiffen, die unterhalb der Stauwellengeschwindigkeit fahren, ein Breiteneinfluß erst bei korrespondierenden Wasserbreiten unter etwa 150 m zu befürchten ist.

Um festzustellen, ob und wieweit im Streubereich der Meßpunkte auch ein Maßstabseinfluß der Schiffsmodelle enthalten ist, wurden die Meßpunkte für jedes Modell gesondert aufgetragen und Mittelkurven eingezeichnet. Bei der Errechnung der EPS-Werte für die Großausführung wurden nun für jedes Modell die Reibungsbeiwerte nach Froude, nach Schoenherr und nach der ITTC-Reibungsbeiwertkurve ermittelt. Die Ergebnisse diese Berechnungen zeigt die Anlage 19, auf der die EPS_{tot}-Werte, nach Geschwindigkeiten geordnet, über dem Maßstab aufgetragen worden sind. Aus dieser Anlage ist folgendes zu erkennen:

Die mit dem kleinsten Modell (Maßstab 1 : 25) gemessenen Widerstände liegen für Geschwindigkeiten unter 16 km/h (korrespondierende Modellgeschwindigkeiten unter 0,9 m/s) trotz der gewählten Turbulenzerzeuger in laminarer Strömung. Aus diesem Grunde sind die errechneten Leistungswerte zu klein (vgl. kurz gestrichelte Kurven der linken Diagrammseite).

Bei den großen Modellen ist bei Geschwindigkeiten über 22 km/h auch bei dieser Auftragung der Breiteneinfluß des Tanks erkennbar, die Grenze für diesen Einfluß dürfte etwa bei dem Maßstab 1 : 16 liegen, für den sich eine korrespondierende Wasserbreite von 157 m ergibt.

Alle drei Umrechnungsmethoden lassen noch einen Maßstabseinfluß erkennen, der bei Verwendung der Froudeschen Reibungsbeiwerte am größten und bei Umrechnung nach ITTC am geringsten ist. Der Maßstabseinfluß nimmt mit zunehmender Geschwindigkeit ab. Bei Geschwindigkeiten zwischen 20 und 22 22 km/h, die für die angenommene Höchstleistung etwa als Freifahrtgeschwindigkeit in Frage kommen würden, beträgt der Maßstabseffekt nach ITTC für das kleinste Modell (1 : 25) etwa 3 bis 4 %.

Auch diese Versuchsergebnisse bestätigen die allgemein bekannte Tatsache, daß bei der Umrechnung von Schiffsmodellergebnissen die übliche Umrechnung mit Hilfe von Plattenreibungsbeiwerten, also für zweidimensionale Umströmung, nicht ganz richtig ist; es müßte die Umströmung um die Modell- bzw. die Schiffsform, die dreidimensional ist, berücksichtigt werden. Da aber die hierdurch entstehenden Differenzen bei den üblichen Modellmaßstäben sehr klein sind, und die Umrechnung auf dreidimensionaler Basis umständlich und zudem noch nicht genügend gesichert ist, wird bis auf weiteres noch nach den bisher üblichen Umrechnungsverfahren gearbeitet, wobei der ITTC-Kurve der Vorzug zu geben ist.

Anlage 20 zeigt eine Zusammenstellung der Widerstandsbeiwerte der 5 Modelle, abhängig von der Reynolds-Zahl dargestellt; auch sind die Reibungsbeiwertkurven nach Schoenherr und ITTC eingetragen.

Um den nun noch bestehenden, wenn auch sehr geringen Einfluß der Modellform auf die Berechnung des Maßstabseinflusses von Propeller und Düse mit Sicherheit auf ein vernachlässigbares Maß zu vermindern, wurden bei der Umrechnung der Propulsions- und Trossenzugsergebnisse die Propulsionsgütegrade bzw. die spezifischen Trossenzüge Z/WPS zur Ermittlung des Maßstabseffektes von Düse und Propeller verwendet.

III. Propulsions- und Trossenzugsmessungen

Um alle in Frage kommenden Belastungen erfassen zu können, wurden mit den 5 Modellen Propulsions- und Trossenzugsmessungen (Freifahrt, Schleppfahrt bei 12 km/h, Pfahlzug) durchgeführt. Die Ergebnisse dieser Versuche, die zur Ausschaltung von Meßfehlern sowohl innerhalb der einzelnen Versuchsreihen als auch über die Maßstäbe quergestrakt wurden, sind auf den Anlagen 21 bis 23 wiedergegeben.

Wie schon auf Seite 13 erwähnt, wurden zur Ermittlung des Maßstabseinflusses des Düsensystems die Propulsionsgütegrade [EPS/WPS,(ZPS + EPS)/WPS, bzw. beim Standversuch Z/WPS] herangezogen, bei denen der Einfluß der Schiffsform nur noch durch die geringe Belastungsänderung zum Ausdruck kommt, die vernachlässigbar klein ist.

Auf den Anlagen 24 bis 26 sind die so ermittelten Gütegrade (bzw. Z/WPS) zusammengestellt, sie weisen die erwartete Tendenz des Maßstabseinflusses nach. Das gleiche Bild zeigt sich auch - natürlich mit umgekehrter Tendenz des Maßstabseinflusses - bei den Anlagen 27 und 28, auf denen die Sogwerte für die drei Belastungszustände wiedergegeben sind.

Bekanntlich wird der Sog definiert durch die Formel $t = \frac{1 - W}{S}$; W = Schiffswiderstand, S = Propellerschub. Korrekterweise müßte man also bei Versuchen mit Düsenschiffen in diese Beziehung den Schiffswiderstand einschließlich der Düse und den Propellerschub + Düsenschub einsetzen. Da aber Düsen beim Widerstandsversuch durch den Stau des Wassers in der Düse ein völlig überzeichnetes Bild abgeben würden, wird bei der Widerstandsuntersuchung von Düsenschiffen auf die Ermittlung des Düsenwiderstandes verzichtet. Ebenso ist es bei Modellversuchen mit Düsen meist nicht möglich, den Düsenschub gesondert zu messen. Deshalb wird der Sog bei Düsenschiffen so definiert, daß in die Beziehung nur der Widerstand der Schiffsform und der Propellerschub eingesetzt werden. Hierbei ergeben sich durch die Düsenwirkung veränderte Sogwerte, die mit 't' bezeichnet werden sollen.

Da im vorliegenden Fall der Düsenschub aus den Freifahrtmessungen bekannt ist, läßt sich auch der wahre Sog t angenähert (Düsenwiderstand vernachlässigt!) errechnen. Die nach diesen beiden Gesichtspunkten errechneten Sogwerte zeigt die Anlage 29 für das Modell im Maßstab 1 : 9.

Auf der linken Seite dieses Diagramms sind die Ergebnisse für Schleppfahrt bei 12 km/h dargestellt. Der "wahre" Sog beträgt i.M. ca. + 0,08, während der Sog 't' bei kleinen Drehzahlen + 0,04 beträgt und mit zunehmender Drehzahl bis auf ca. - 0,20 abfällt. Das Gebiet zwischen den beiden Kurven stellt den Düseneffekt dar. Man sieht, daß die untersuchte

Düse bei Schleppgeschwindigkeit erst bei Drehzahlen oberhalb 135 Upm eine günstige Wirkung hat, die mit zunehmender Drehzahl, d.h. mit der Propellerbelastung, zunimmt.

Auf der rechten Seite des Diagramms sind beide Sogwerte für das freifahrende Schiffsmodell über der Geschwindigkeit dargestellt. Man sieht, daß bei diesem Belastungsfall die untersuchte Düse erst bei Überschreitung einer Freifahrtgeschwindigkeit von etwas über 20 km/h eine günstige Wirkung ausübt, während bei kleineren Geschwindigkeiten ihr Widerstand größer ist als ihre Düsenwirkung.

Anlage 30 zeigt die Maßstabseffekte der Propeller einsch. Düse, abhängig von der Reynolds-Zahl. Man erkennt trotz gewisser Streuungen ganz deutlich eine Abhängigkeit dieser Werte von der Größe der Düse. Hierbei wurde nach den bisherigen Modellversuchserfahrungen angenommen, daß die größte der untersuchten Düsen mit einem Durchmesser von etwa 270 mm keinen meßbaren Maßstabseinfluß mehr ausübt; der hier nachweisbare Einfluß geht also ausschließlich von dem Modellpropeller aus.

Um nun bei der üblichen Versuchspraxis den Maßstab des Systems Düse einschl. Propeller mit Hilfe normaler Propellerfreifahrtdiagramme berücksichtigen zu können, wurde die Anlage 31 aufgestellt, deren Grundkurve die Maßstabsabhängigkeit von Propellern nach früheren, sehr eingehenden Versuchen wiedergibt, und deren Brauchbarkeit als erwiesen gelten kann. Es stellte sich heraus, daß für jeden untersuchten Maßstab im wesentlichen ein konstanter "Düsenfaktor" vorhanden war, durch den man die Werte der Anlage 30 teilen muß, damit sie auf die früher gewonnene Kurve für den reinen Propeller-Maßstabseffekt fallen. Diese Konstanten sind auf der rechten Seite des Diagramms über dem Modellmaßstab aufgetragen und als "Größeneinfluß der Düse" bezeichnet worden, denn seine Unabhängigkeit von der Geschwindigkeit zeigt, daß hier höchstwahrscheinlich ein rein linearer Einfluß vorliegt, d.h. eine Abhängigkeit von dem absoluten Wert des Modelldüsendurchmessers, der als zweiter Ordinatenmaßstab mit angegeben worden ist.

Außerdem besteht aber eine gewisse zusätzliche Abhängigkeit von der Belastung des Propellers, weshalb zwei Faktorenkurven, eine für Freifahrt ($C_s < 0,3$) und eine zweite für Schleppfahrt ($C_s > 0,85$) im Diagramm eingetragen sind. Diese Belastungsabhängigkeit wird allerdings erst bei Modelldüsendurchmessern von weniger als 160 mm nachweisbar wirksam.

Die rechte Seite des Diagramms 31 zeigt außer den Kurven für Modellpropeller-Durchmesser und Größeneinfluß der Düse noch eine weitere Kurve für Drehzahlkorrektur wegen des veränderten Nachstroms. Diese Korrekturen wurden aus der Anlage 32 errechnet, deren Drehzahlkurven für die Versuche bei Maßstäben unter 1 : 13 einen Anstieg der Drehzahl nachweisen. Die Drehzahlkurve für konstante Leistung von 1000 WPS', also für gleiche korrespondierende Strahlflächenbelastung (WPS'/m^2 Propellerstrahlfläche) zeigt, daß die zu erwartende Nachstromerhöhung (durch den größeren Reibungsnachstrom der kleineren Modelle) und der damit verbundene Drehzahlabfall vorhanden sind.

Den Einfluß der Modellgröße auf den Nachstrom zeigt auch die Anlage 33. Die hier gezeigten Nachstromwerte sind in der üblichen Weise über K_s mit Hilfe der Freifahrtergebnisse berechnet worden, und zwar wieder, genau wie bei den Sogwerten, einmal der wahre Nachstrom w, errechnet mit Schubbeiwerten K_s^* für das System Düse + Propeller, und einmal der Nachstrom 'w', der mit den Schubbeiwerten der Propellerfreifahrt ohne Düse ermittelt wurde, die bei den üblichen Versuchen mit Düsenschiffen zur Verfügung stehen.

In neuerer Zeit ist man dazu übergegangen, den Fehler, der durch die Annahme eines gleichförmigen Nachstromfeldes auch hinter dem Schiff entsteht, dadurch zu vermindern, daß man einen mittleren Fortschrittsgrad über K_s und K_m ermittelt, bei dem der "mittlere" Propellerwirkungsgrad dem Propellerfreifahrtdiagramm entnommen wird. Auf der Anlage 34 sind für das Modell im Maßstab 1 : 9 die Nachstromwerte aufgetragen, die sich nach allen drei Verfahren ergeben.

D. Rechnungsbeispiel

Unter Verwendung der empirisch ermittelten Korrekturfaktoren wird abschließend an einem Beispiel (Maßstab 1 : 17) festgestellt, mit welcher Genauigkeit eine Übertragung der Versuchsergebnisse möglich ist. Die Berechnungen wurden etwa für die Nennleistung des im Modell untersuchten Schleppers durchgeführt, und zwar
 a) mit Hilfe der aus den Propulsions- und Trossenzugsmessungen ermittelten Korrekturwerten (vgl. Anl. 31), und
 b) mit Hilfe der Korrekturwerte aus den Freifahrtversuchen des Systems "Propeller + Düse" (vgl. Anl. 15a).

Da im allgemeinen bei Versuchen für Düsenschiffe nur Propellerfreifahrten, nicht aber Freifahrten des Düsensystems vorliegen (vor allem, weil die meistverwendete Düsenform, die an einen Schraubentunnel angebaute Halbdüse, überhaupt nicht freifahrend untersucht werden kann), genügt an sich das unter a) genannte Übertragungsverfahren.

Um jedoch festzustellen, wie der Maßstabseffekt des Düsensystems durch die Umströmungsveränderung bei den verschiedenen Schiffsmodellgrößen (Veränderung des Reibungsnachstromes) beeinflußt wird, und um abschätzen zu können, welcher Einfluß darüber hinaus durch die Form des vor der Düse liegenden Schiffes ausgeübt werden kann, wurde errechnet, um welche Beträge die mit Hilfe der Freifahrtergebnisse des Düsensystems ermittelten Umrechnungswerte von denen der Großausführung abweichen. Hierbei stellte sich heraus, daß sich genau wie bei den Propulsions- und Trossenzugsversuchen nur ein vom Maßstab abhängiger Korrekturfaktor ergibt. (Der Korrekturwert für das kleinste Modell darf nur als Strakpunkt gewertet werden, weil bei den Freifahrtversuchen Reynolds-Zahlen unter $1{,}3 \cdot 10^5$ nicht erfaßt wurden; die Freifahrtergebnisse für den Maßstab 1 : 25 mußten deshalb extrapoliert werden.)

Aus dem Vergleich der Anlagen 15a und 35 läßt sich nun entnehmen, daß die für den Einfluß der Schiffsmodellgröße errechnete Korrektur (die wahrscheinlich noch etwas mit der jeweiligen Schiffsform variiert), weniger als 1/4 der Gesamtkorrektur ausmacht.

Auf dem Diagramm Anlage 21 (Propulsionsmessungen) kann für den Maßstab 1 : 17, bei dem der Propellerdurchmesser 141 mm beträgt, für die Geschwindigkeit von 22,4 km/h eine Wellenleistung von 1030 WPS' und eine Propellerdrehzahl von 250 UPM' abgelesen werden. Außerdem können in den Protokollen noch die folgenden Werte festgestellt werden:

$$EPS_{tot} = 517; \quad \eta_{ges.} = 0{,}502; \quad C_s = 0{,}333; \quad R_p = 2{,}22 \cdot 10^5.$$

Für die genannte Reynolds-Zahl ergibt sich nach Anlage 31 ein Maßstabseffekt des Propellers von 0,966, der Größeneinfluß der Düse beträgt 0,958. Als Gesamtkorrektur für die Leistung muß danach

$$0{,}966 \times 0{,}958 = 0{,}926$$

angenommen werden.

Dementsprechend sind die Werte für das große Schiff:

Leistung: 1030 WPS' x 0,926 = 954 WPS
Propulsionsgütegrad: 517 EPS/954 WPS = 0,542
Drehzahl: 250 Upm' x 0,993 = 248 Upm (Korrektur nach Anlage 31).

Nach den Freifahrtergebnissen "Propeller + Düse" aus Anlage 15a läßt sich für den Schubbelastungsgrad $C_s=0,333$ und die Reynolds-Zahl von $2,22 \times 10^5$ ein Größeneffekt der Düse von 0,932 ermitteln, während der Einfluß der Schiffsmodellgröße nach Anlage 35 0,9815 beträgt. Der Gesamteinfluß ist also

$$0,932 \times 0,9815 = 0,915.$$

Großausführungswerte:

Leistung: 1030 WPS' x 0,915 = 943 WPS
Propulsionsgütegrad: 517 EPS/943 WPS = 0,548

Die Anlage 36 zeigt die Ergebnisse dieser Berechnungen für alle untersuchten Maßstäbe für Freifahrt, für Schleppfahrt bei 12 km/h und für Pfahlzug. Die offenen Punkte gelten für die Meßpunkte am Schiffsmodell, die vollen für die Freifahrtergebnisse.

Für den freifahrenden Schlepper ergab sich nach beiden Umrechnungsmethoden eine ausgezeichnete Übereinstimmung mit den Werten der "Großausführung" (Maßstab 1 : 7 direkt umgerechnet). Nur das kleinste Modell ergibt nach der Umrechnung über die Freifahrtergebnisse des Düsensystems einen um 1,5 % zu günstigen Propulsionsgütegrad. Wie schon erwähnt, ist dieser Wert extrapoliert worden.

Für Schleppfahrt ist bis zum Modellmaßstab 1 : 21 ebenfalls eine ausgezeichnete Übereinstimmung vorhanden, während beide Übertragungsmethoden für das kleinste Modell (Maßstab 1 : 25) eine etwa 1,5 % zu hohe Leistung angegeben.

Nur bei den Pfahlzugergebnissen traten allgemein Abweichungen auf, die aber maximal auch nur 1 % zu hoch in der Leistung liegen. Gute Ergebnisse wurden für die beiden größten Modelle bei der Umrechnung nach den Propulsionsmessungen erreicht.

Nach einem Tankleiterbeschluß aus dem Jahre 1935 wurde als unterer Grenzwert für Propulsionsmessungen mit Modellpropellern eine Mindest-Reynolds-Zahl von $1,5 \times 10^5$ für die Propeller festgelegt. Diese Reynolds-Zahl liegt bei dem hier besprochenen Programm bei dem Maßstab 1 : 21 vor. Die durchgeführten Maßstabsversuche mit Düse haben erwiesen, daß dieser Grenzwert auch für in Düsen arbeitende Propeller gültig ist.

E. Zusammenfassung und Schlußfolgerung

Bei der Übertragung von Modellversuchsergebnissen auf die Großausführung wird der im wesentlichen von der Reynolds-Zahl abhängige Maßstabseinfluß der Modellpropeller an Hand von Maßstabsversuchen mit Schiffsschraubenmodellen erfaßt. Dieses Verfahren hat sich ausgezeichnet bewährt, solange eine Reynolds-Zahl von $1,5 \times 10^5$ nicht wesentlich unterschritten wird. Ein solcher Wert tritt aber nur in Grenzfällen, z.B. bei der Untersuchung ganzer Schubzüge, auf, während die bei Modellversuchen allgemein verwendeten Propellermodelle bei höheren Reynolds-Zahlen arbeiten.

Der bei Modellversuchen mit Düsenschrauben auftretende Maßstabseinfluß der Modelldüsen ist bisher durch eine zusätzliche Reibungskorrektur berücksichtigt worden, für deren Errechnung die Windkanalmessungen an Strebenprofilen von Hoerner verwendet wurden.

Im Rahmen der vorliegenden Arbeit sind die Ergebnisse von Maßstabsversuchen mit fünf Modellen eines Hafenschleppers (Maßstäbe zwischen 1 : 9 und 1 : 25) mit Steuerdüse behandelt worden. Der Zweck dieser Versuche war, ein zuverlässigeres und weniger zeitraubendes Übertragungsverfahren für Modellversuche mit Düsenschrauben zu entwickeln.

Obwohl in der Binnenschiffahrt überwiegend die an einem Schraubentunnel angebaute Halbdüse mit nicht rotationssymmetrischen Profilstärken zur Verwendung kommt, wurde im vorliegenden Fall eine rotationssymmetrische Steuerdüse gewählt, weil nur eine solche Düse unverändert sowohl am Schiffsmodell als auch freifahrend untersucht werden kann.

Mit den fünf Modellen sind folgende Messungen unternommen worden:
  a) Freifahrtmessungen mit den Propellern allein und mit den Systemen "Propeller + Düse", alle bei annähernd gleicher korrespondierender Drehzahl,
  b) Widerstandsmessungen mit den Schiffsmodellen ohne Düse,
  c) Leistungs- und Trossenzugsmessungen mit den Schiffsmodellen mit Düsen bei Freifahrt, bei Schleppfahrt mit 12 km/h und am Stand, worin alle in Frage kommenden Belastungsfälle eingeschlossen sind.

Zu a): Die Reynolds-Zahlen lagen bei den Freifahrtmessungen der Propeller zwischen $5,32 \times 10^5$ und $1,15 \times 10^5$. Der Grenzwert für den Maßstabseinfluß bei Propellern liegt nach KEMPF und GUTSCHE bei etwa $1,0 \times 10^6$, das entspricht im vorliegenden Fall etwa dem Maßstab 1 : 7. Der zwischen den Maßstäben 1 : 7 und 1 : 9 noch vorhandene Maßstabseinfluß beträgt je nach der Propellerbelastung 1 % bis 1,5 % und wurde bei den Ergebnissen berücksichtigt.

Die Freifahrtmessungen der Propeller ohne Düse stimmten gut mit früheren Messungen überein. Die Freifahrtmessungen des Systems "Propeller + Düse" ergaben einen von der Reynolds-Zahl und auch etwas von der Propellerbelastung abhängigen Maßstabseinfluß.

Zu b): Die Widerstandsmessungen ergaben, daß bei der bisher üblichen Umrechnung des Reibungswiderstandes noch ein geringer Maßstabseffekt verbleibt, der in der Nähe der Dienstgeschwindigkeit des gewählten Fahrzeuges beim kleinsten Modell maximal etwa 3 % bis 4 % beträgt, wenn für die Reibungsübertragung die ITTC-Kurve gewählt wird. Um diesen Faktor auszuschalten, wurden die Propulsionsgütegrade (bzw. bei den Standversuchen Z/WPS) als Grundlage verwendet.

Zu c): Aus den Propulsions- und Trossenzugsmessungen konnte festgestellt werden, daß außer dem schon bekannten Maßstabseinfluß der Modellschraube und dem eigentlichen Düseneffekt noch ein zusätzlicher Einfluß auf die Düse durch das Schiffsmodell ausgeübt wird, der längenabhängig ist und zunächst über die Größe des Düsenmodells erfaßt werden kann. Auch von der Propellerbelastung ist dieser Einfluß zu einem kleinen Teil abhängig.

Weiter konnte noch ein Korrekturfaktor für die Propellerdrehzahl ermittelt werden.

Aus den Versuchsergebnissen zu a) und c) wurde schließlich der eben erwähnte Modellgrößenfaktor ermittelt, der den Einfluß der Übertragungsunterschiede durch den unterschiedlichen Reibungsnachstrom erfaßt, er beträgt weniger als 1/3 des Maßstabseinflusses des Systems "Propeller + Düse".

An einem Rechnungsbeispiel konnte nachgewiesen werden, daß die Verwendung der ermittelten Korrekturfaktoren für alle untersuchten Modellgrößen eine zufriedenstellende Übereinstimmung mit den Umrechnungsergebnissen des größten Modells ergab, wenn <u>entweder</u>

die aus den Freifahrtmessungen des Systems "Propeller + Düse" ermittelten Korrekturwerte und der Modellgrößenfaktor zur Berücksichtigung des unterschiedlichen Reibungsnachstromes bei der Übertragung verwendet werden, <u>oder</u> wenn

der aus den Propulsions- und Trossenzugsmessungen ermittelte Größeneffekt der Düsenmodelle und der bekannte Maßstabseffekt der Propellermodelle zugrundegelegt werden.

Die Übereinstimmung ist für alle Belastungszustände bei Modellmaßstäben bis zu 1 : 21 (R_p ca. $1,5 \times 10^5$) recht gut (maximale Abweichung + 1% der Leistung), nur bei dem kleinsten Modell betrugen die Abweichungen bis zu $\pm$ 1,5 %.

Die durchgeführten Maßstabsversuche mit Düse haben also erwiesen, daß der für Modellpropeller ermittelte Grenzwert von R_p ca. $1,5 \times 10^5$ auch für in Düsen arbeitende Propeller gültig ist.

Die in der vorliegenden Arbeit ermittelten Korrekturwerte gelten strenggenommen nur für die untersuchte Düsenform an dem untersuchten Schiff, jedoch läßt die jahrelange günstige Erfahrung mit dem früheren Maßstabsdiagramm den Schluß zu, daß auch diese jetzt ermittelten Korrekturwerte für Düsenpropeller für die Praxis ähnlich universell anwendbar sein müßten.

Bei den bei Binnenschiffen überwiegend verwendeten Halbdüsen ist eine Herstellung der Modelldüsen aus Plexiglas sowohl wegen der höheren Kosten als auch wegen der längeren Herstellungszeit nicht möglich. Sie werden deshalb durchweg aus Teakholz hergestellt, dessen Oberfläche aber selbst bei sorgfältigster Bearbeitung nicht die Glätte von Plexiglas erreicht.

Zur Sicherung der Übertragbarkeit der ermittelten Korrekturwerte auch auf andere Schiffstypen und Düsenformen, z.B. auf Halbdüsen, wäre die Durchführung der folgenden Ergänzungsversuche wünschenswert:

1) Untersuchung der Modelle im Maßstab 1 : 9 und 1 : 21 mit Teakholzdüsen, um den Einfluß der unterschiedlichen Rauhigkeit der Oberflächen auf den Maßstabseffekt zu ermitteln.

2) Ergänzung der Maßstabsversuche für einen normalen Flußschlepper und für ein Gütermotorschiff mit Halbdüsen, je 2 bis 3 Modellmaßstäbe. Durch diese Versuche soll festgestellt werden, ob und in welcher Größe der Maßstabseffekt

a) durch die Form der Düse und

b) durch die Form des Schiffsrumpfes

beeinflußt wird.

Bei diesen Ergänzungsversuchen sind Untersuchungen des Systems "Propeller + Düse" nicht durchführbar, aber auch nicht erforderlich, weil die eventuell festgestellten Abweichungen ebensogut auf die vorliegenden Freifahrtmessungen mit den rotationssymmetrischen Steuerdüsen bezogen werden können.

Versuchsanstalt für Binnenschiffbau e.V.
Obering. Kurt HELM
Dr.-Ing. Erich SCHÄLE

Literaturverzeichnis

[1] MUELLER/HELM — Der Maßstabseinfluß beim Voith-Schneider-Propeller
Werft-Reederei-Hafen 1942 S. 334

[2] GUTSCHE — Kennwerteinflüsse bei Schiffsschrauben-Modellversuchen
Jahrbuch der Schiffbautechnischen Gesellschaft 1935 Bd. 36

[3] KEMPF — Rauhigkeits- und Kennzahleinfluß bei Schiffsschrauben
Werft-Reederei-Hafen 1938 Seite 145

[4] VAN LAMMEREN — Analyse der Voortstuwingscomponenten im Verband Met Het Schaaleffekt By Scheepsmodelproefen
N.S.P. Wageningen, 1938 Publicatie Nr. 32

[5] KEMPF — Ergebnisse naturgroßerSchraubenversuche auf Dampfer "Tannenberg"
Hydromechanische Probleme des Schiffsantriebs Teil II, 1942

[6] TROOST — Open Water Tests Series with Modern Propeller Forms
Part 3 N.E.C. I 1950

[7] NORDSTRÖM — On Propeller Scale Effects. Publications of the Swedisch State Shipbuilding Experimental Tank Nr. 28 Göteborg 1954

[8] BUSSLER — Die Berechnung des Reibungsbeiwertes und Reibungsmaßstabseinflusses von glatten und rauhen Propellern
Forschungsheft für Schiffstechnik, Hornband

[9] FERGUSON — The Effect of Surface Raughness on the Performance of a Model Propeller
TINA 1958/6 S. 249

Tabelle 1

Schiffs- und Modellabmessungen des Kort-Steuerdüsen-Hafenschleppers

Leistung ca. 1000 PSe bei 250 Propeller-Upm   Freifahrtgeschwindigkeit ca. 22 km/h   Wassertiefe 9,0 m

Modell Nr.		---	123	124	125	126	127
Maßstab		1 : 1	1 : 9	1 : 13	1 : 17	1 : 21	1 : 25
Abmessungen des Schiffs und der Modelle:							
Länge über Alles	m	38,550	4,283	2,965	2,268	1,836	1,542
Länge zwischen den Loten	m	34,500	3,833	2,654	2,029	1,634	1,380
Breite auf Spanten	m	8,500	0,944	0,654	0,500	0,405	0,340
Tiefgang im Mittel	m	3,625	0,403	0,279	0,213	0,173	0,145
Tiefgang am Heck	m	4,250	0,472	0,327	0,250	0,202	0,170
Verdrängung	m³ bzw. dm³	532	729,77	242,15	108,28	57,45	34,05
Völligkeit δ, bez. a. Lpp		0,500	0,500	0,500	0,500	0,500	0,500
Propellerdaten (Wageninger Serienschraube Typ B 4.55):							
Propeller Nr.		- - -	57	58	59	60	61
Durchmesser	mm	2400	266,7	184,6	141,2	114,2	96,0
Steigung soll	mm	1902	211,3	146,3	111,9	90,6	76,1
Steigung ist	mm		211,3	147,9	112,1	90,4	76,5
Steigungsverhältnis H/D soll		0,793	0,793	0,793	0,793	0,793	0,793
Steigungsverhältnis H/D ist			0,793	0,801	0,794	0,792	0,797
Reynolds-Zahl des Propellers R_p		$1,43 \cdot 10^7$	$5,32 \cdot 10^5$	$3,08 \cdot 10^5$	$2,05 \cdot 10^5$	$1,5 \cdot 10^5$	$1,15 \cdot 10^5$
Reynols-Zahl der Düse R_d		$4,50 \cdot 10^6$	$1,68 \cdot 10^5$	$9,75 \cdot 10^4$	$6,45 \cdot 10^4$	$4,70 \cdot 10^4$	$3,63 \cdot 10^4$
Korrespondierende Wasserbreite für das große Schiff	m	245,0	88,2	127,4	166,6	205,8	245,0

Tabelle 2

Schiffs- und Modellabmessungen des Kort-Steuerdüsen-Hafenschleppers Protokoll Nr. II
EPS - Werte nach Froude, Schoenherr und ITTC

Modell - Nr. 123;   = 9;   Wassertiefe = 9,0 m   Wasserbreite = 88,2 m

V_s (km/h)	V_s (sek.)	Reibungsbeiwerte			Froude		Schoenherr		ITTC	
		W' (kg)	C_w	$R_e \cdot 10^6$	EPS_R	EPS_{total}	EPS_R	EPS_{total}	EPS_R	EPS_{total}
10	0,926	1,06	0,00575	$3,55 \cdot 10^6$	12,4	23,4	11,8	22,3	11,3	21,8
12	1,111	1,54	0,00572	$4,26 \cdot 10^6$	20,8	40,4	19,9	39,5	18,7	38,3
14	1,296	2,15	0,00571	$4,97 \cdot 10^6$	32,2	66,7	31,4	65,8	30,4	64,8
16	1,481	3,00	0,00600	$5,68 \cdot 10^6$	47,0	107	45,0	106	44,0	105
18	1,666	4,22	0,00685	$6,39 \cdot 10^6$	65,5	175	64,0	174	60,0	170
20	1,851	6,05	0,00810	$7,10 \cdot 10^6$	88,2	286	86,0	285	83,0	282
22	2,037	8,50	0,00928	$7,81 \cdot 10^6$	115	458	118	456	109	447
24	2,221	18,30	0,00452	$8,52 \cdot 10^6$	148	1114	114	1111	143	1110

Modell - Nr. 124;   = 13;   Wassertiefe = 9,0 m   Wasserbreite = 127,0 m

V_s (km/h)	V_s (sek.)	W' (kg)	C_w	$R_e \cdot 10^6$	EPS_R	EPS_{total}	EPS_R	EPS_{total}	EPS_R	EPS_{total}
10	0,926	0,399	0,00610	$2,05 \cdot 10^6$	12,4	24,9	10,7	23,6	10,1	23,0
12	1,111	0,567	0,00615	$2,46 \cdot 10^6$	20,8	43,0	19,2	41,6	17,6	40,0
14	1,296	0,787	0,00623	$2,87 \cdot 10^6$	32,2	70,9	30,5	69,4	28,6	67,5
16	1,481	1,070	0,00648	$3,28 \cdot 10^6$	47,0	110	43,0	108	41,0	106
18	1,666	1,490	0,00718	$3,69 \cdot 10^6$	65,5	180	64,0	179	59,0	174
20	1,851	2,130	0,00840	$4,09 \cdot 10^6$	88,2	295	84,0	291	80,0	287
22	2,037	2,950	0,00935	$4,50 \cdot 10^6$	115	460	113	458	107	452
24	2,221	5,380	0,01410	$4,91 \cdot 10^6$	148	961	142	959	135	952

Modell - Nr. 125;   = 17;   Wassertiefe = 9,0 m   Wasserbreite = 167,0 m

V_s (km/h)	V_s (sek.)	W' (kg)	C_w	$R_e \cdot 10^6$	EPS_R	EPS_{total}	EPS_R	EPS_{total}	EPS_R	EPS_{total}
10	0,926	0,190	0,00630	$1,37 \cdot 10^6$	12,4	26,2	10,9	24,7	10,1	23,9
12	1,111	0,270	0,00649	$1,64 \cdot 10^6$	20,8	44,9	19,4	43,4	17,5	41,5
14	1,296	0,375	0,00680	$1,92 \cdot 10^6$	32,2	73,5	29,9	71,6	27,8	69,5
16	1,481	0,501	0,00718	$2,19 \cdot 10^6$	47,0	114	44,0	111	40,0	107
18	1,666	0,704	0,00790	$2,46 \cdot 10^6$	65,5	185	60,0	181	55,0	176
20	1,851	0,991	0,00884	$2,73 \cdot 10^6$	88,2	301	83,0	296	78,0	291
22	2,037	1,370	0,00995	$3,01 \cdot 10^6$	115	466	111	464	102	455
24	2,221	2,150	0,01360	$3,28 \cdot 10^6$	148	840	141	833	135	827

Modell - Nr. 126   = 21;   Wassertiefe = 9,0 m   Wasserbreite = 206,0 m

V_s (km/h)	V_s (sek.)	W' (kg)	C_w	$R_e \cdot 10^6$	EPS_R	EPS_{total}	EPS_R	EPS_{total}	EPS_R	EPS_{total}
10	0,926	0,106	0,00680	$0,995 \cdot 10^6$	12,4	27,1	10,9	25,5	9,9	24,5
12	1,111	0,149	0,00665	$1,20 \cdot 10^6$	20,8	45,5	19,5	44,3	17,7	42,5
14	1,296	0,207	0,00675	$1,40 \cdot 10^6$	32,2	74,8	30,4	73,0	28,3	70,9
16	1,481	0,275	0,00718	$1,59 \cdot 10^6$	47,0	116	45,0	113	41,0	109
18	1,666	0,388	0,00790	$1,79 \cdot 10^6$	65,5	190	60,0	185	54,0	179
20	1,851	0,543	0,00900	$1,99 \cdot 10^6$	88,2	316	82,0	300	77,0	295
22	2,037	0,743	0,01015	$2,19 \cdot 10^6$	115	473	108	467	100	459
24	2,221	1,180	0,01380	$2,39 \cdot 10^6$	148	864	145	854	135	844

Modell - Nr. 127;   = 25;   Wassertiefe = 9,0 m   Wasserbreite = 245,0 m

V_s (km/h)	V_s (sek.)	W' (kg)	C_w	$R_e \cdot 10^6$	EPS_R	EPS_{total}	EPS_R	EPS_{total}	EPS_R	EPS_{total}
10	0,926	0,058	0,00630	$0,767 \cdot 10^6$	12,4	23,3	10,4	21,4	8,1	19,1
12	1,111	0,085	0,00655	$0,919 \cdot 10^6$	20,8	42,0	17,9	39,1	15,0	36,2
14	1,296	0,120	0,00682	$1,070 \cdot 10^6$	32,2	70,7	28,4	67,0	24,6	63,2
16	1,481	0,168	0,00726	$1,230 \cdot 10^6$	47,0	119	45,0	115	40,0	110
18	1,666	0,236	0,00800	$1,380 \cdot 10^6$	65,6	193	59,0	186	53,0	180
20	1,851	0,327	0,00905	$1,530 \cdot 10^6$	88,2	310	84,0	302	77,0	295
22	2,037	0,450	0,01010	$1,690 \cdot 10^6$	115	478	107	470	97,0	460
24	2,221	0,725	0,01280	$1,840 \cdot 10^6$	148	886	135	874	121	860

Tabelle 3

Propulsionswerte: Freifahrt Protokoll Nr. III

Modell-Nr. 123;   Propeller-Nr. 57;   = 9;   Wassertiefe = 9,0 m   Wasserbreite = 88,0 m

V_s (km/h)	WPS	EPS	ges	UPM	"t"	t	"w"	w	c_s	R_e
10	53	23,4	0,442	102	0,247	-0,246	-0,049	+0,076	0,157	$2,34 \cdot 10^5$
12	90	40,4	0,449	122	0,255	-0,106	-0,036	+0,094	0,171	2,75 · "
14	142	66,7	0,470	141	0,245	-0,047	-0,027	+0,109	0,187	3,2 · "
16	224	107	0,478	163	0,223	-0,01	-0,019	+0,122	0,205	3,7 · "
18	346	175	0,506	286	0,195	+0,024	-0,013	+0,134	0,224	4,25 · "
20	555	286	0,515	212	0,164	+0,056	-0,009	+0,145	0,247	4,86 · "
22	885	458	0,517	241	0,133	+0,088	-0,006	+0,154	0,288	5,56 · "

Modell-Nr. 124;   Propeller-Nr. 58;   = 13;   Wassertiefe = 9,0 m   Wasserbreite = 127 m

V_s (km/h)	WPS	EPS	ges	UPM	"t"	t	"w"	w	c_s	R_e
10	65	24,9	0,383	102	0,275	+0,015	-0,011	+0,115	0,180	$1,35 \cdot 10^5$
12	102	43,0	0,422	122	0,278	+0,037	-0,005	+0,125	0,194	1,61 · "
14	155	70,9	0,458	141	0,269	+0,056	0	+0,135	0,210	1,89 · "
16	242	110	0,455	163	0,248	+0,074	+0,004	+0,144	0,228	2,17 · "
18	370	180	0,486	187	0,218	+0,087	+0,006	+0,152	0,245	2,47 · "
20	587	295	0,503	213	0,183	+0,10	+0,005	+0,159	0,256	2,8 · "
22	907	460	0,507	243	0,150	+0,114	+0,003	+0,165	0,306	3,16 · "

Modell-Nr. 125;   Propeller-Nr. 59;   = 17;   Wassertiefe = 9,0 m   Wasserbreite = 167 m

V_s (km/h)	WPS	EPS	ges	UPM	"t"	t	"w"	w	c_s	R_e
10	70	26,2	0,379	102	0,304	+0,13	+0,006	+0,142	0,192	$0,91 \cdot 10^5$
12	111	44,9	0,405	122	0,306	+0,13	+0,011	+0,150	0,210	1,1 · "
14	168	73,5	0,438	142	0,297	+0,132	+0,014	+0,156	0,228	1,27 · "
16	262	114	0,435	165	0,274	+0,133	+0,016	+0,162	0,245	1,47 · "
18	398	185	0,465	189	0,245	+0,133	+0,016	+0,168	0,264	1,67 · "
20	626	301	0,481	215	0,207	+0,134	+0,014	+0,173	0,285	1,9 · "
22	958	466	0,487	244	0,172	+0,136	+0,009	+0,177	0,321	2,16 · "

Modell-Nr. 126;   Propeller-Nr. 60;   = 21;   Wassertiefe = 9,0 m   Wasserbreite = 206 m

V_s (km/h)	WPS	EPS	ges	UPM	"t"	t	"w"	w	c_s	R_e
10	80	27,1	0,339	103	0,344	+0,218	+0,016	+0,164	0,221	$0,65 \cdot 10^5$
12	125	45,5	0,364	124	0,347	+0,210	+0,02	+0,170	0,235	0,78 · "
14	189	74,8	0,396	145	0,332	+0,202	+0,023	+0,175	0,250	0,91 · "
16	290	116	0,400	167	0,306	+0,197	+0,024	+0,180	0,268	1,06 · "
18	435	190	0,437	191	0,274	+0,187	+0,023	+0,183	0,285	1,23 · "
20	677	316	0,467	217	0,238	+0,179	+0,019	+0,187	0,306	1,4 · "
22	1010	473	0,468	248	0,200	+0,170	+0,013	+0,191	0,341	1,59 · "

Modell-Nr. 127;   Propeller-Nr. 61;   = 25;   Wassertiefe = 9,0   Wasserbreite = 245 m

V_s (km/h)	WPS	EPS	ges	UPM	"t"	t	"w"	w	c_s	R_e
10	89	23,3	0,262	105	0,412	+0,298	+0,022	+0,182	0,238	$0,5 \cdot 10^5$
12	137	42,0	0,307	125	0,408	+0,284	+0,026	+0,187	0,253	0,6 · "
14	211	70,7	0,335	147	0,386	+0,270	+0,028	+0,191	0,270	0,7 · "
16	325	119	0,366	170	0,352	+0,258	+0,029	+0, 96	0,287	0,81 · "
18	492	193	0,392	195	0,310	+0,243	+0,027	+0,199	0,306	0,95 · "
20	747	310	0,415	221	0,267	+0,229	+0,022	+0,202	0,326	1,07 · "
22	1097	478	0,436	251	0,228	+0,217	+0,014	+0,206	0,354	1,28 · "

Tabelle 4   Protokoll Nr. IV

Propulsionswerte   -   Schleppfahrt 12 km/h

Modell-Nr. 123;   = 9;   Wassertiefe = 9,0 m   Wasserhöhe = 88 m

UPM	WPS	EPS+ZPS	η_{ges}	"t"	t	"W"	W	C_s	R_e
150	235	130	0,553	+0,01	0,067	-0,067	+0,13	0,400	$3,4 \cdot 10^5$
175	409	220	0,538	-0,05	0,084	-0,133	+0,139	0,562	$3,95 \cdot "$
200	646	331	0,513	-0,128	0,087	-0,204	+0,141	0,710	$4,53 \cdot "$
225	955	462	0,484	-0,155	0,086	-0,283	+0,143	0,840	$5,1 \cdot "$
250	1350	610	0,452	-0,190	0,080	-0,380	+0,140	0,929	$5,65 \cdot "$

Modell-Nr. 124;   = 13;   Wassertiefe = 9,0 m   Wasserbreite = 127 m

UPM	WPS	EPS+ZPS	η_{ges}	"t"	t	"W"	W	C_s	R_e
150	248	131	0,528	+0,015	0,074	-0,058	+0,142	0,361	$2,03 \cdot 10^5$
175	430	221	0,514	-0,045	0,087	-0,124	+0,150	0,581	$2,29 \cdot "$
200	672	334	0,497	-0,122	0,089	-0,198	+0,157	0,735	$2,6 \cdot "$
225	981	460	0,469	-0,146	0,09	-0,280	+0,155	0,853	$2,94 \cdot "$
250	1370	605	0,441	-0,180	0,084	-0,370	+0,146	0,933	$3,33 \cdot "$

Modell-Nr. 125;   = 17;   Wassertiefe = 9,0 m   Wasserbreite = 167 m

UPM	WPS	EPS+ZPS	η_{ges}	"t"	t	"W"	W	C_s	R_e
150	262	132	0,504	+0,045	0,107	-0,037	+0,178	0,441	$1,32 \cdot 10^5$
175	450	221	0,491	-0,02	0,11	-0,103	+0,192	0,609	$1,55 \cdot "$
200	700	333	0,476	-0,079	0,11	-0,178	+0,198	0,773	$1,78 \cdot "$
225	1007	456	0,453	-0,125	0,104	-0,268	+0,191	0,856	$1,99 \cdot "$
250	1402	598	0,426	-0,159	0,097	-0,370	+0,180	0,942	$2,22 \cdot "$

Modell-Nr. 126;   = 21;   Wassertiefe = 9,0 m   Wasserbreite = 206 m

UPM	WPS	EPS+ZPS	η_{ges}	"t"	t	"W"	W	C_s	R_e
150	275	127	0,462	+0,11	0,183	+0,006	+0,227	0,501	$0,5 \cdot 10^4$
175	469	212	0,452	+0,036	0,16	-0,066	+0,234	0,671	$1,11 \cdot 10^5$
200	729	320	0,439	-0,026	0,14	-0,145	+0,232	0,815	$1,27 \cdot "$
225	1057	442	0,418	-0,075	0,126	-0,238	+0,22	0,923	$1,43 \cdot "$
250	1465	580	0,396	-0,134	0,116	-0,344	+0,204	0,990	$1,50 \cdot "$

Modell-Nr. 127;   = 25   Wassertiefe = 9,0 m   Wasserbreite = 245 m

UPM	WPS	EPS+ZPS	η_{ges}	"t"	t	"W"	W	C_s	R_e
150	280	110	0,393	+0,32	0,392	+0,08	+0,334	0,654	$7,38 \cdot 10^4$
175	479	189	0,394	+0,19	0,307	-0,005	+0,330	0,803	$8,55 \cdot "$
200	750	293	0,391	+0,099	0,250	-0,088	+0,323	0,933	$9,75 \cdot "$
225	1100	411	9,374	+0,030	0,205	-0,19	+0,308	1,040	$1,11 \cdot 10^5$
250	1535	549	0,358	-0,03	0,168	-0,303	+0,280	1,074	$1,23 \cdot "$

Tabelle 5

Protokoll Nr. V

Propulsionsmessungen - Standmessungen

Modell-Nr. 123;   = 9;   Wassertiefe = 9,0 m;   Wasserbreite = 88 m

UPM	WPS	Z_t	$Z/_{WPS}$	"t"	V_d	C_s	R_e
150	317	7,82	247	-0,697	2,46	1,285	$3,4 \cdot 10^5$
175	505	10,72	211	-0,700	2,88	1,285	3,95 · "
200	748	13,9	185	-0,700	3,30	1,285	4,53 · "
225	1060	17,52	165	-0,702	3,72	1,278	5,1 · "
250	1453	21,6	149	-0,704	4,14	1,270	5,65 · "

Modell-Nr. 124;   = 13;   Wassertiefe = 9,0 m;   Wasserbreite = 127 m

UPM	WPS	Z_t	$Z/_{WPS}$	"t"	V_d	C_s	R_e
150	327	7,7	237	-0,667	2,46	1,076	$2,03 \cdot 10^5$
175	516	10,6	205	-0,670	2,88	1,188	2,29 · "
200	758	13,74	181	-0,674	3,30	1,264	2,6 · "
225	1075	17,34	161	-0,678	3,72	1,264	2,94 · "
250	1475	21,4	145	-0,679	4,14	1,264	3,33 · "

Modell-Nr. 125;   = 17;   Wassertiefe = 9,0 m;   Wasserbreite = 167 m

UPM	WPS	Z_t	$Z/_{WPS}$	"t"	V_d	C_s	R_e
150	348	7,66	222	-0,625	2,40	1,430	$1,32 \cdot 10^5$
175	543	10,5	193	-0,630	2,82	1,415	1,55 ·· "
200	793	13,53	171	-0,635	3,24	1,400	1,78 · "
225	1117	17,1	153	-0,638	3,65	1,360	1,99 · "
250	1527	21,2	138	-0,640	4,06	1,314	2,22 · "

Modell-Nr. 126;   = 21;   Wassertiefe = 9,0 m   Wasserbreite = 206 m

UPM	WPS	Z_t	$Z/_{WPS}$	"t"	V_d	C_s	R_e
150	370	7,53	204	-0,556	2,27	1,630	$9,5 \cdot 10^4$
175	573	10,37	180	-0,564	2,68	1,621	$1,11 \cdot 10^5$
200	834	13,4	160	-0,570	3,09	1,612	1,27 · "
225	1177	16,95	144	-0,578	3,49	1,500	1,43 · "
250	1610	21,0	130	-0,584	3,89	1,474	1,60 · "

Modell-Nr. 127;   = 25;   Wassertiefe = 9,0 m   Wasserbreite = 245 m

UPM	WPS	Z_t	$Z/_{WPS}$	"t"	V_d	C_s	R_e
150	425	7,39	174	-0,31	1,69	3,340	$7,38 \cdot 10^4$
175	647	10,19	157	-0,39	2,2	2,700	8,55 · "
200	932	13,27	142	-0,445	2,72	2,094	9,75 · "
225	1296	16,75	130	-0,484	3,23	1,880	$1,11 \cdot 10^5$
250	1742	20,7	119	-0,515	3,74	1,635	1,23 · "

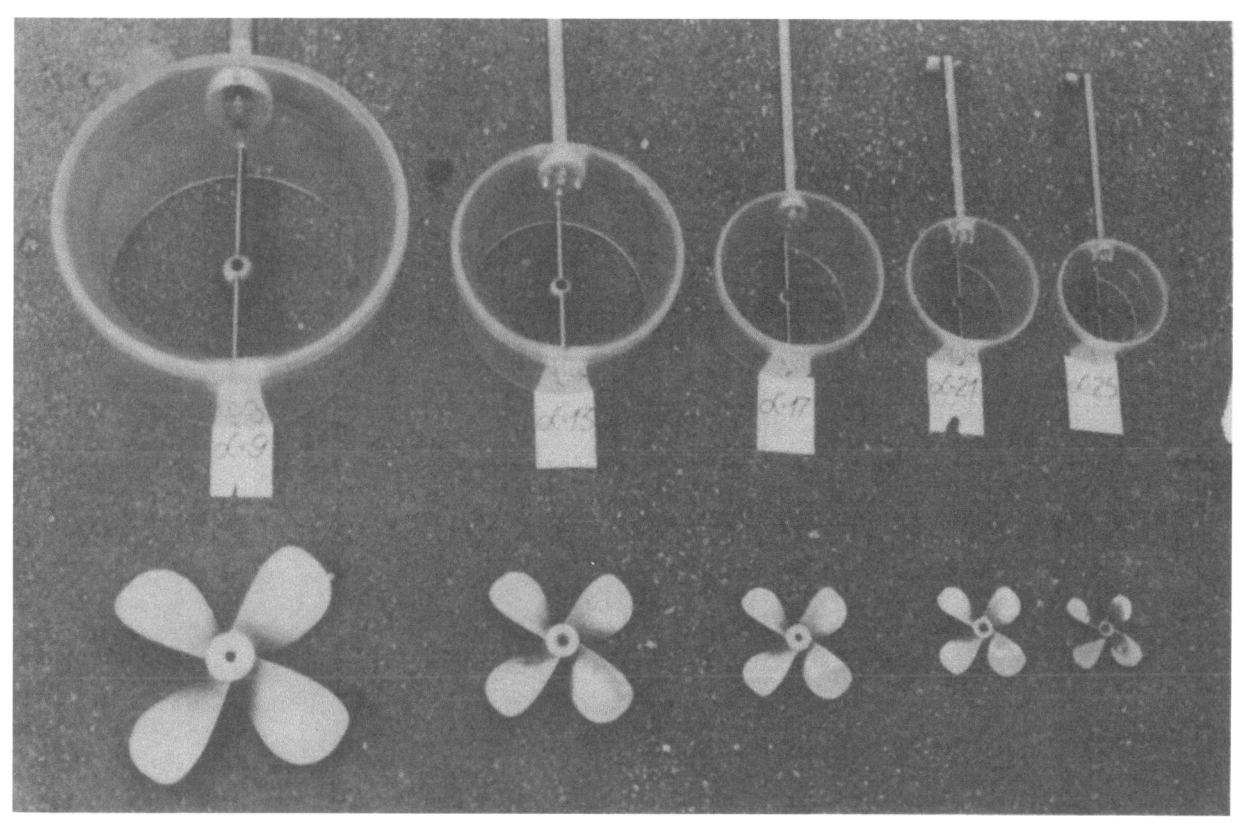

Abbildung 1

Abbildung 2

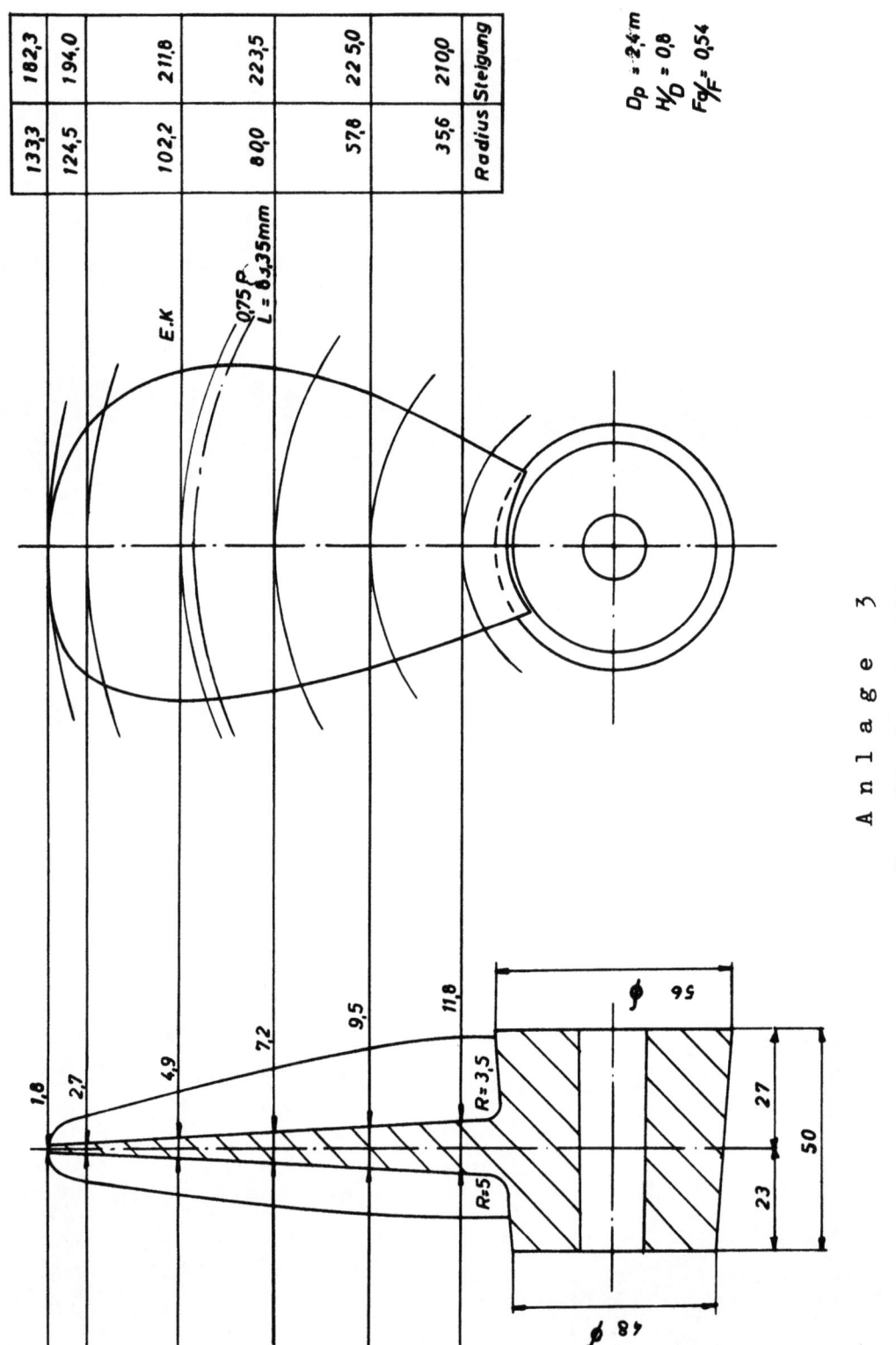

Anlage 3
Propellerkonstruktion

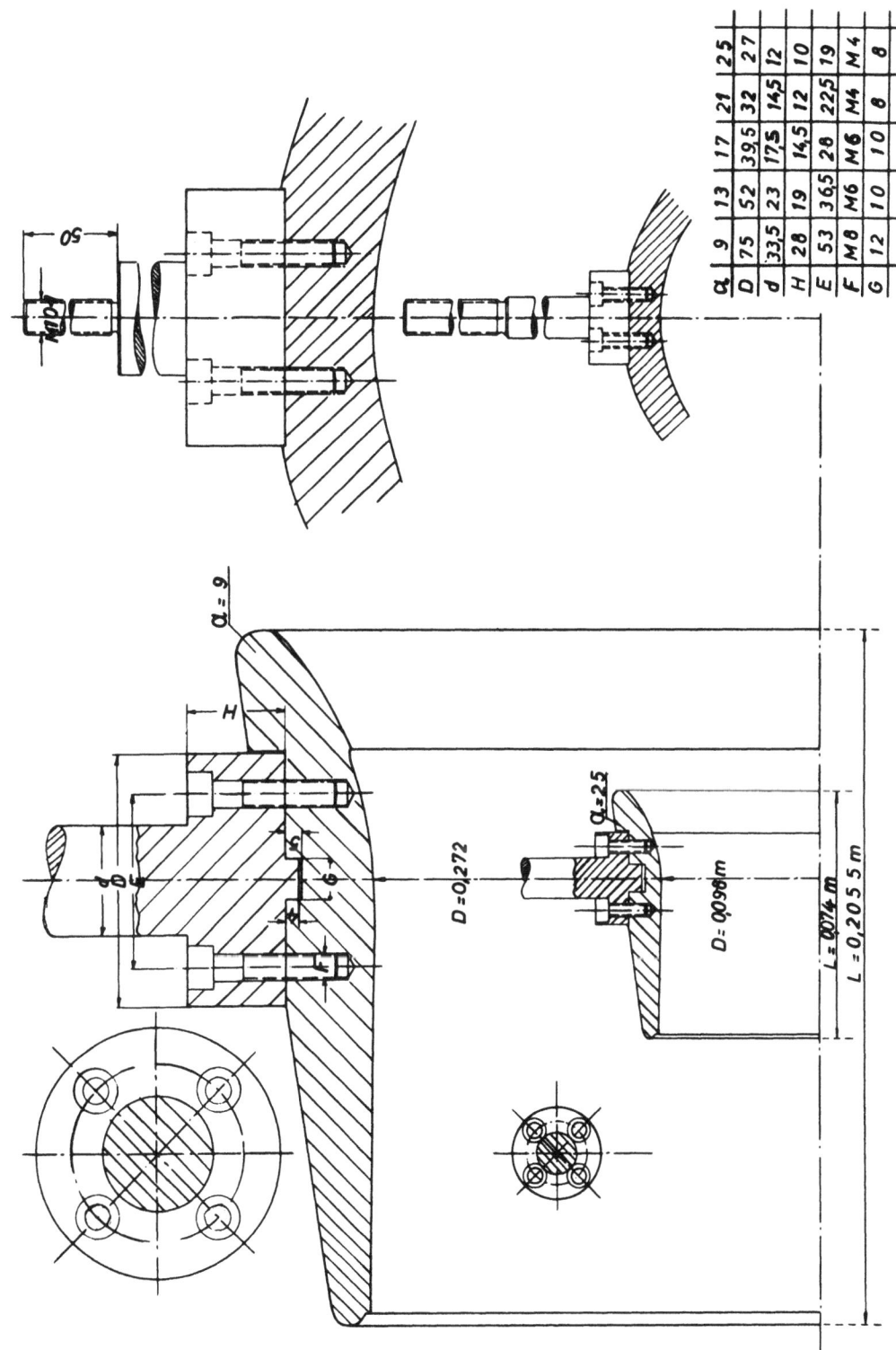

Anlage 4
Düsenkonstruktion

Seite 33

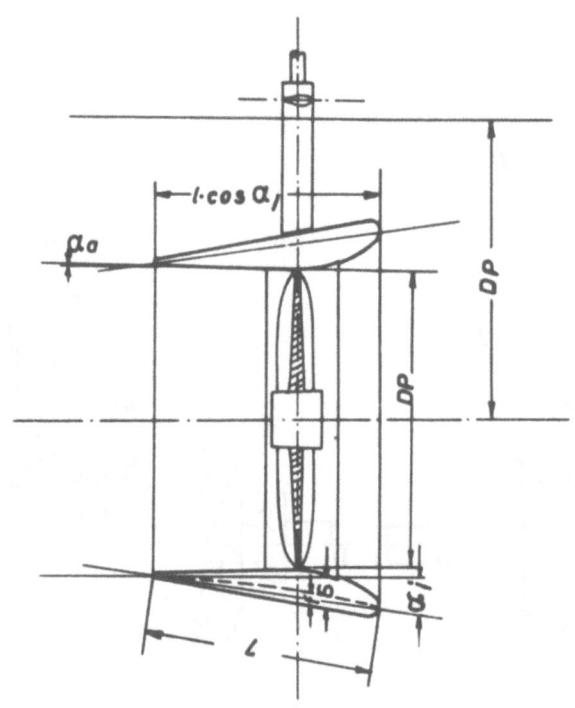

Anlage 5
Düsen-Kennwerte

D_p = Propellerdurchmesser l/D_p = Längendurchmesserverhältnis = 0,78
S/l = Dickenverhältnis = 0,16 F/l = Wölbungsverhältnis = 0,077
α_i = Öffnungswinkel = 1,5° α_a Anstellwinkel = 8°

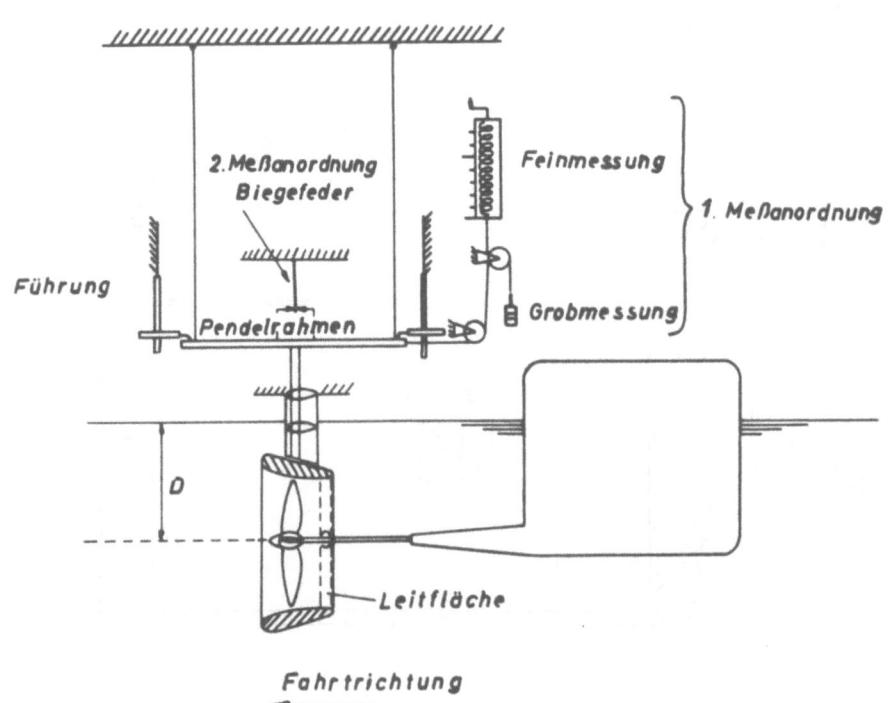

Anlage 6
Meßschema für Freifahrtmessung mit Düse

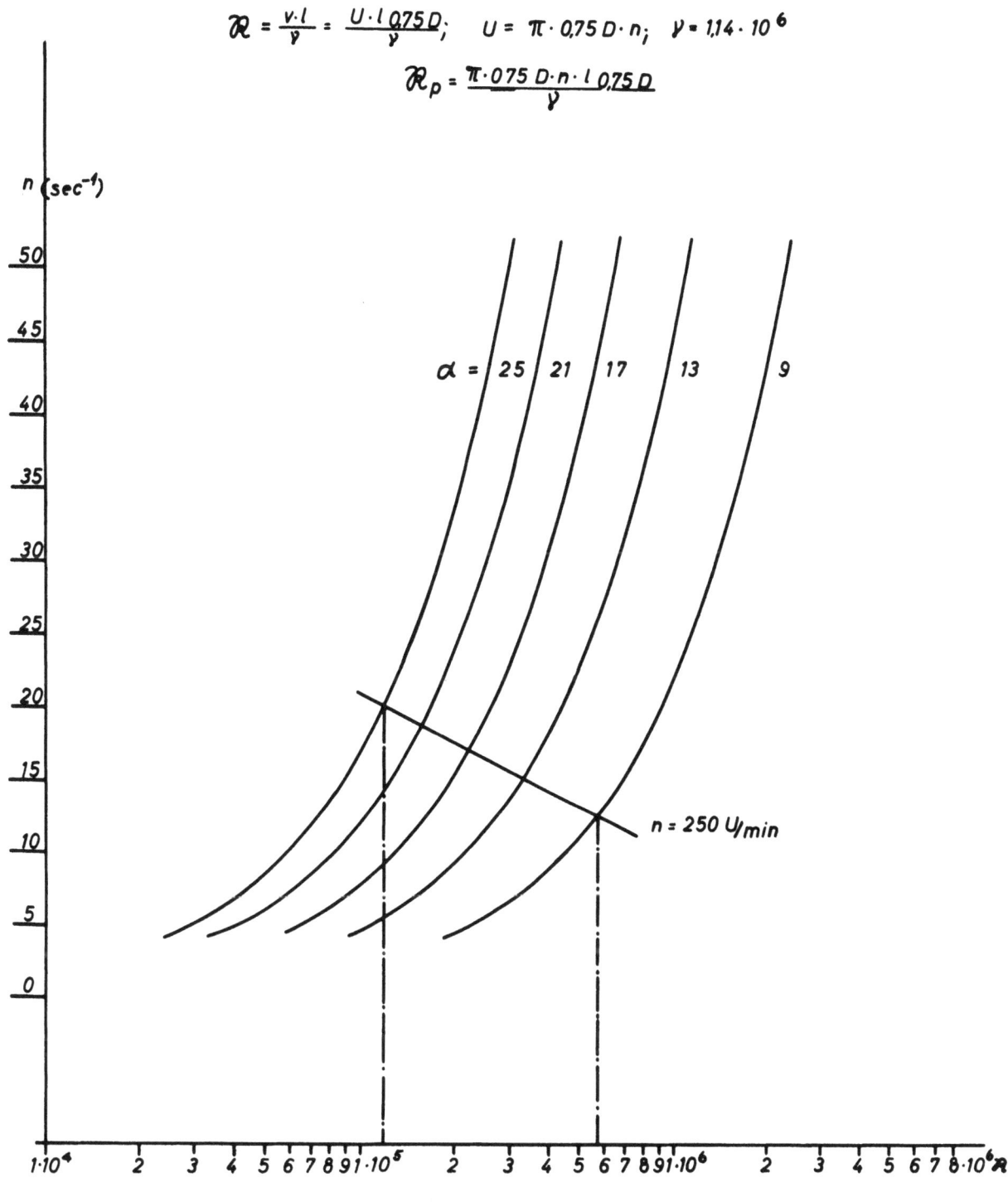

A n l a g e   7

Reynolds'sche Zahlen der Modellpropeller

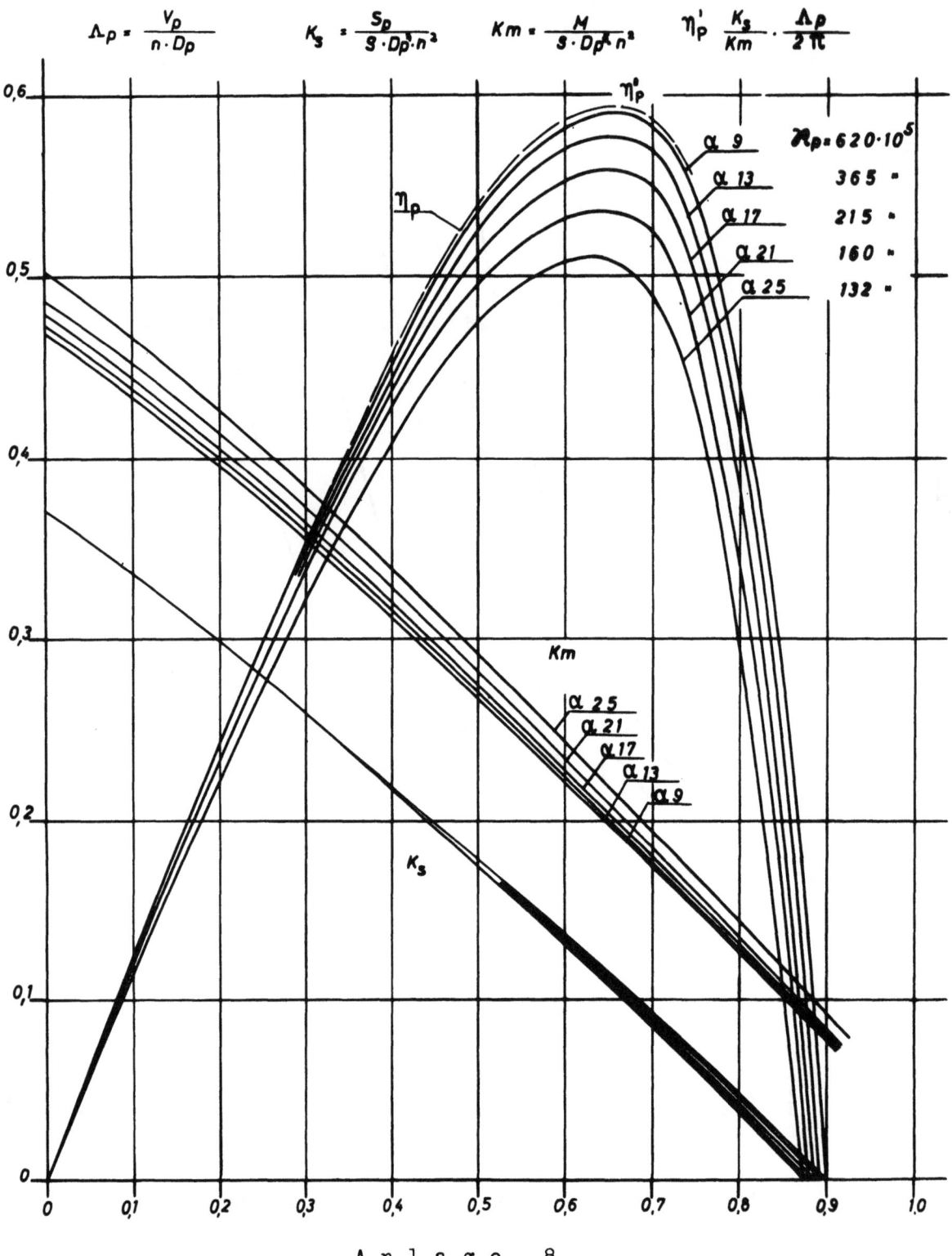

Anlage 8
Propellerfreifahrten ohne Düse

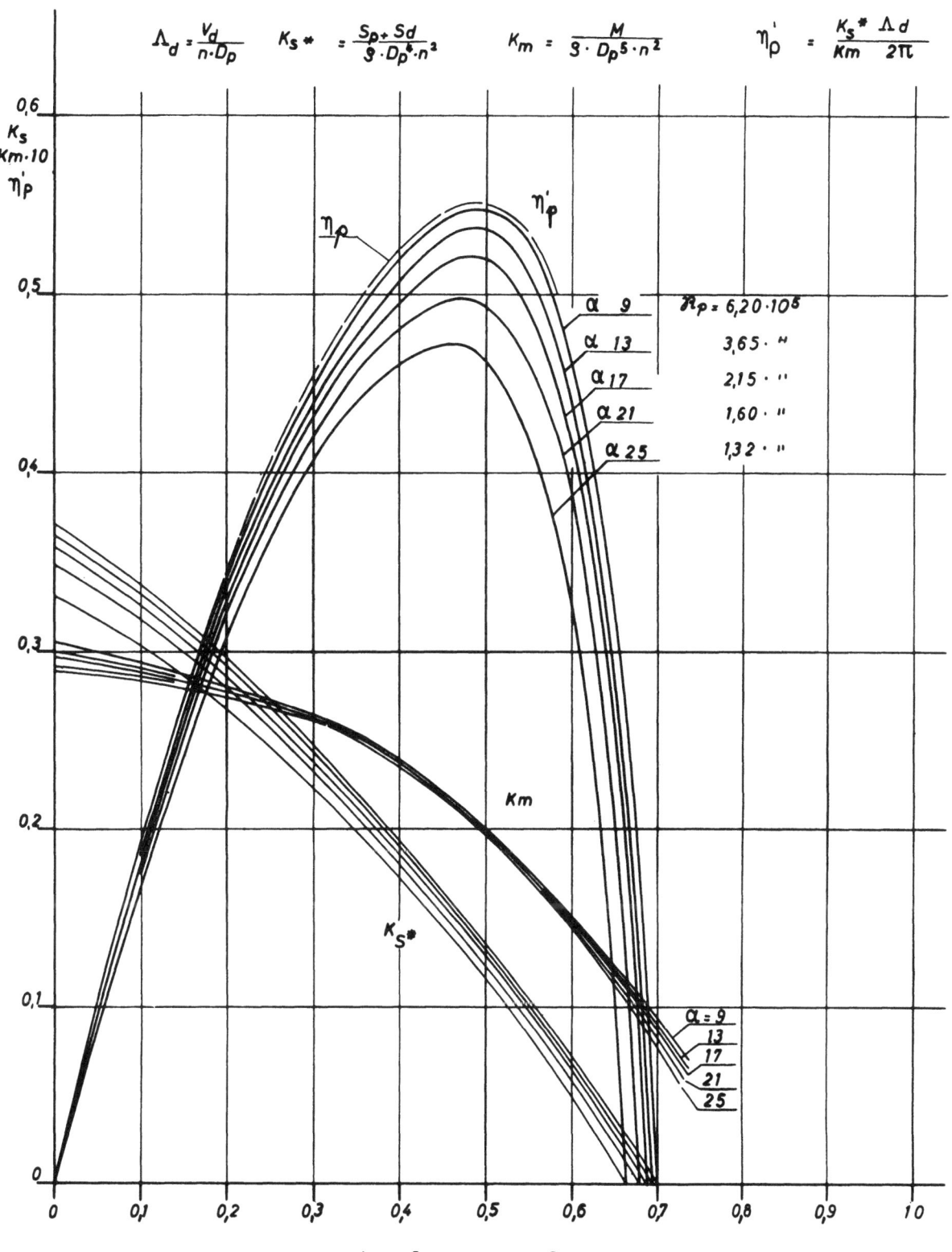

Anlage 9

Freifahrten des Düsensystems

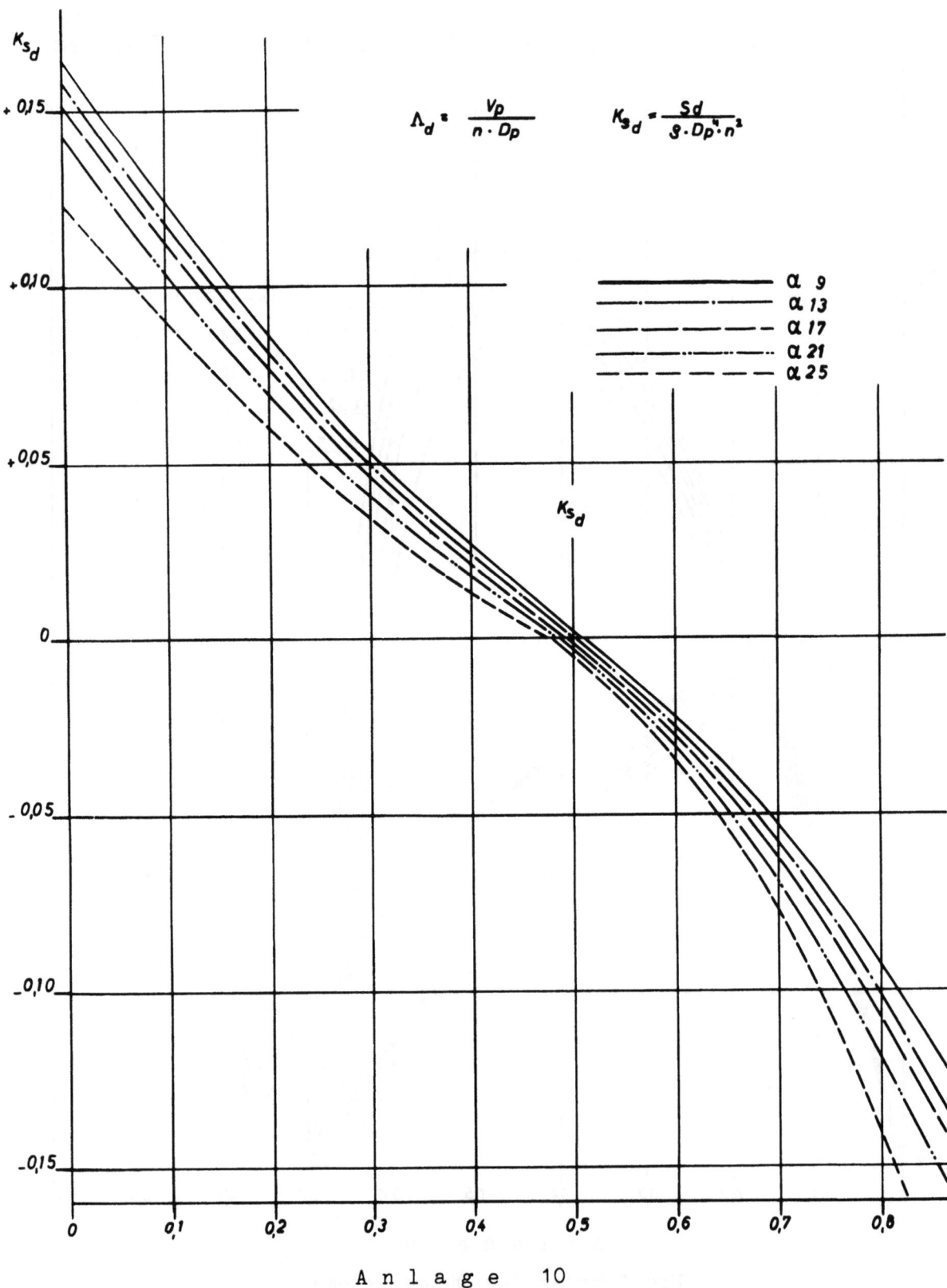

Anlage 10
Düsen-Schubbeiwerte

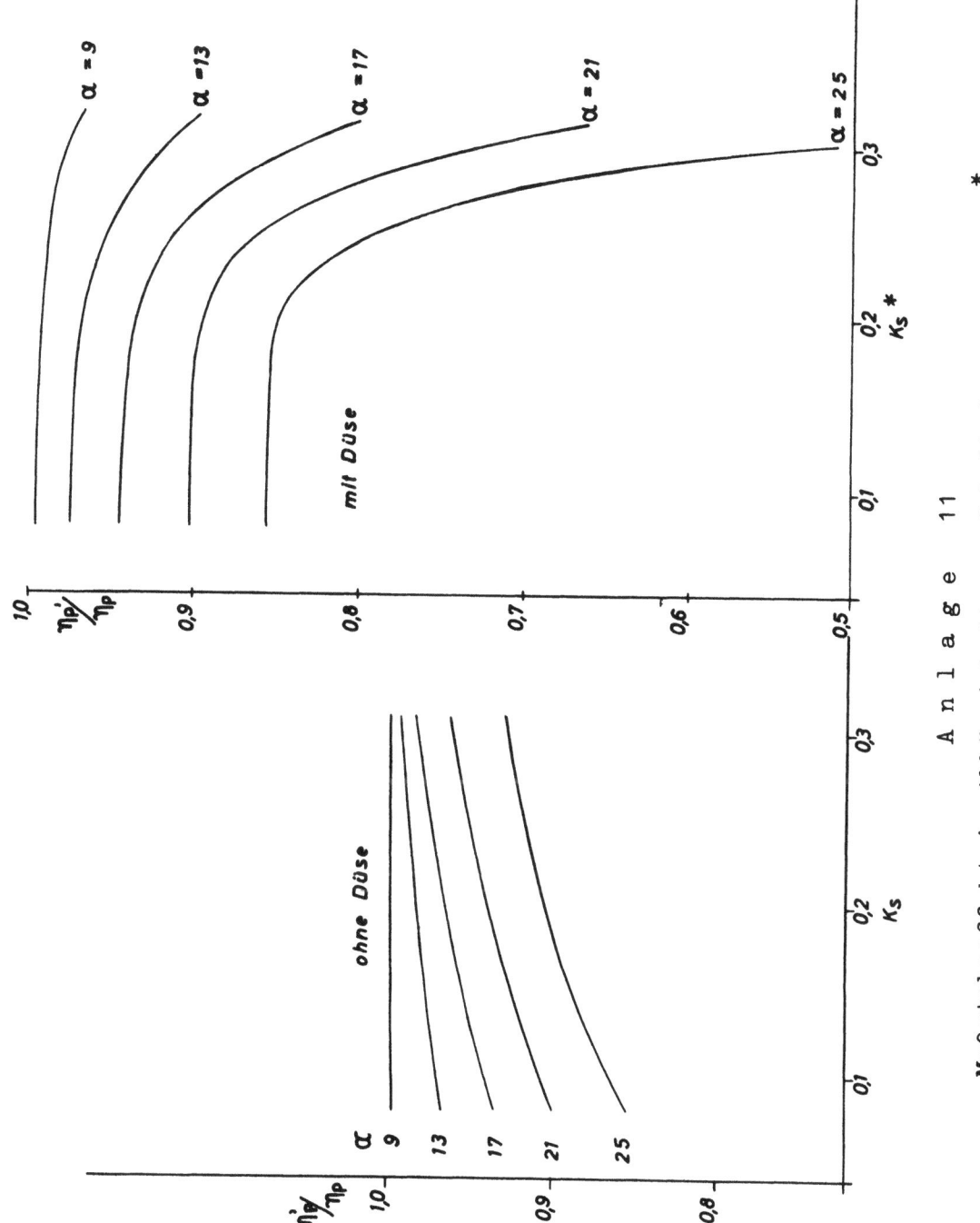

Anlage 11

Maßstabseffekt in Abhängigkeit vom Schubbeiwert K_s und K_s^*

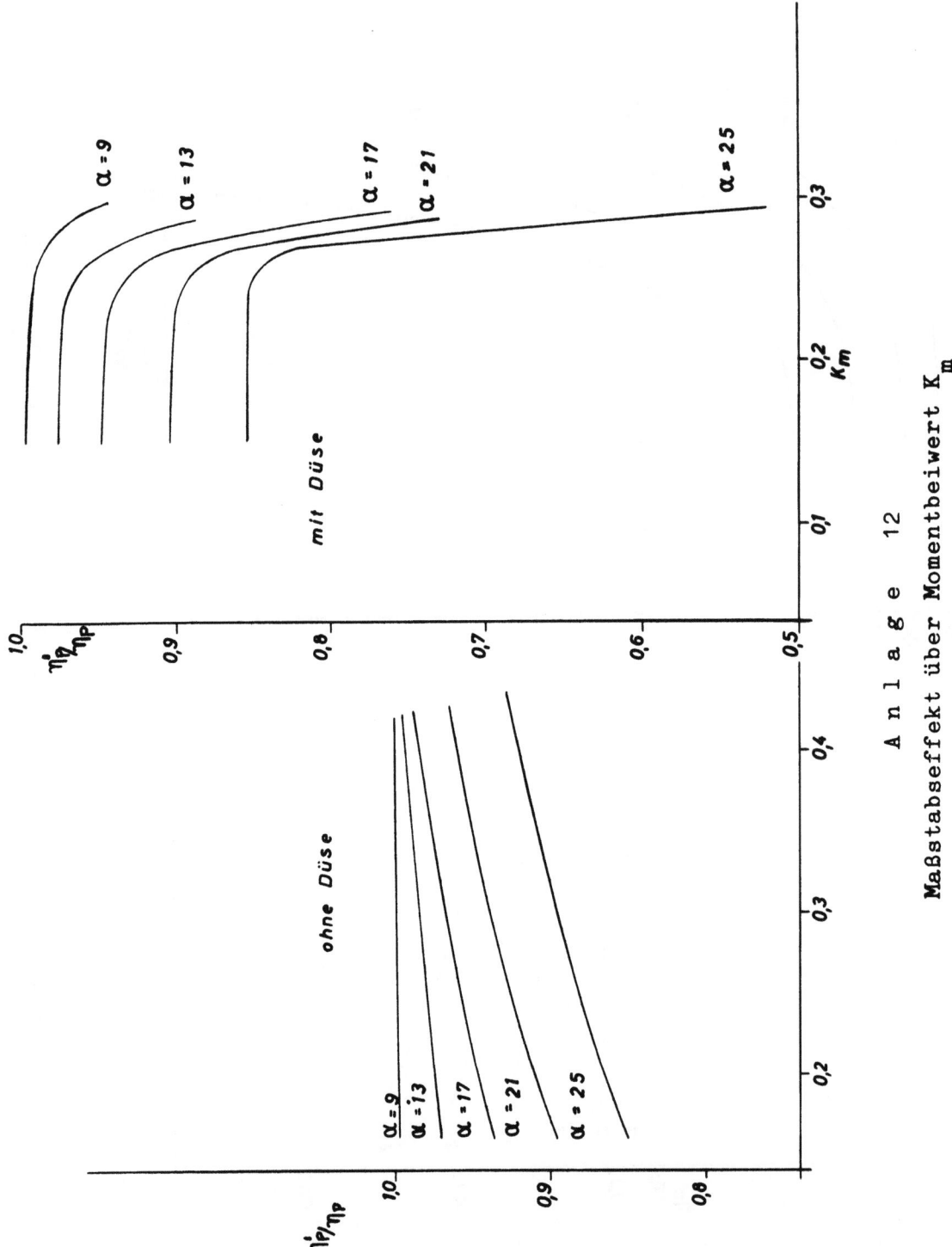

Anlage 12

Maßstabseffekt über Momentbeiwert K_m

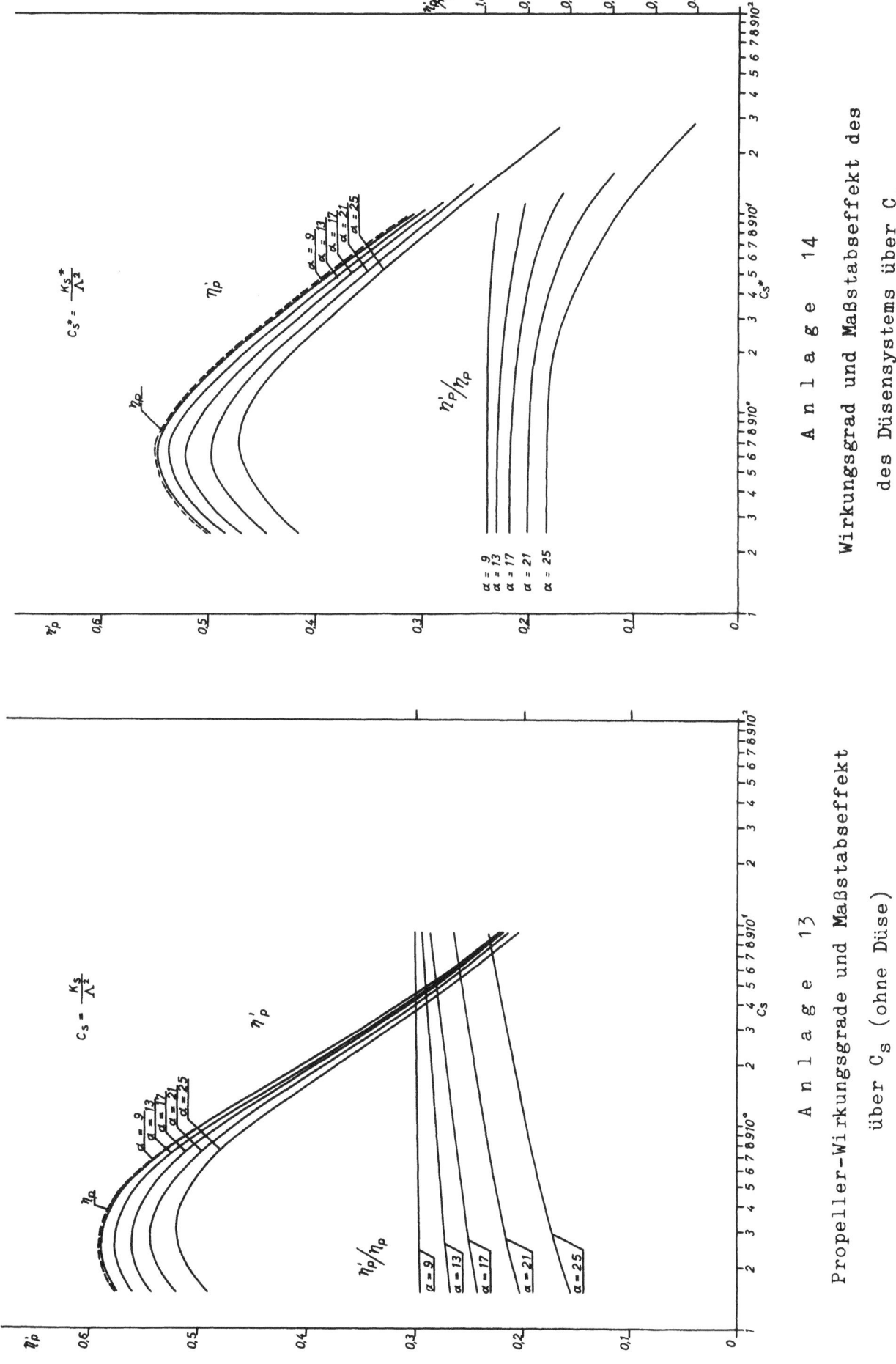

Anlage 14 Wirkungsgrad und Maßstabseffekt des Düsensystems über C_s

Anlage 13 Propeller-Wirkungsgrade und Maßstabseffekt über C_s (ohne Düse)

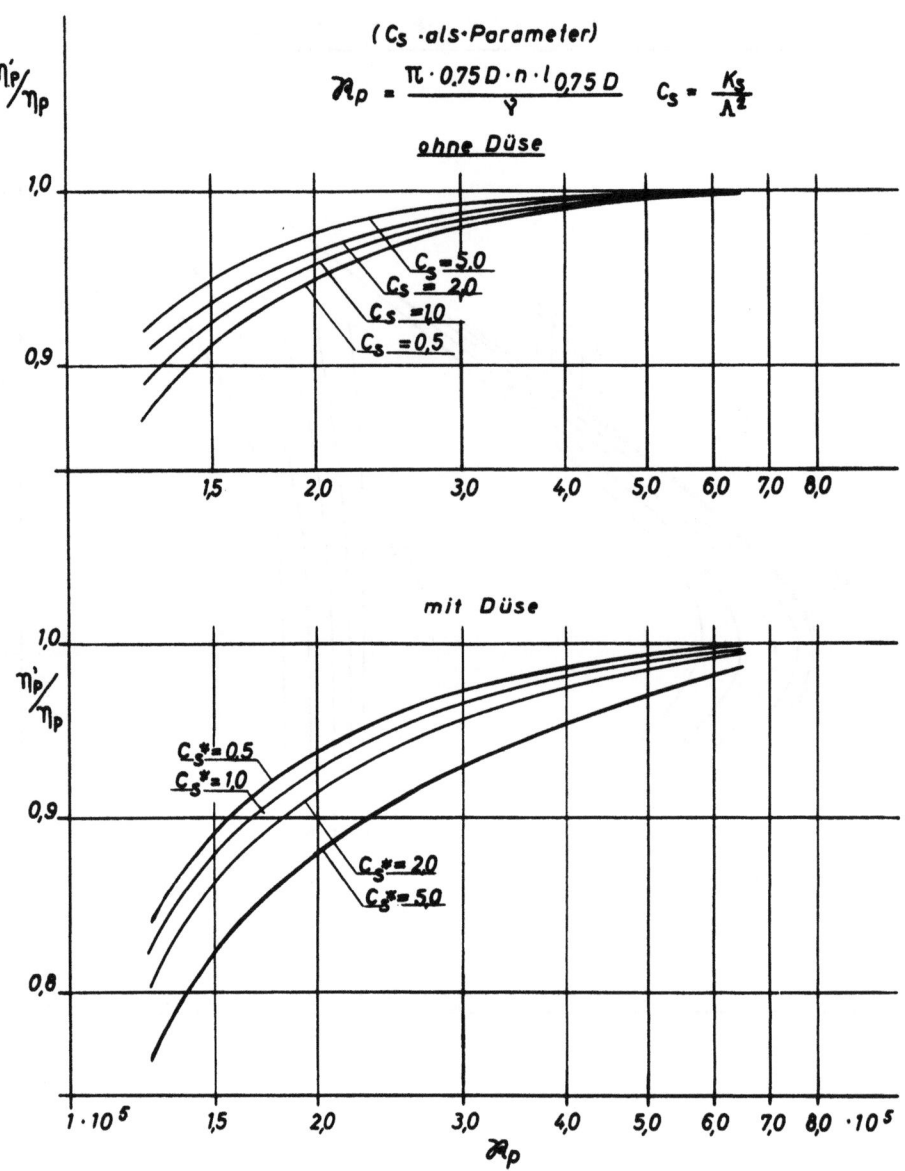

Anlage 15

Maßstabseffekte in Abhängigkeit von der Reynolds'schen Zahl

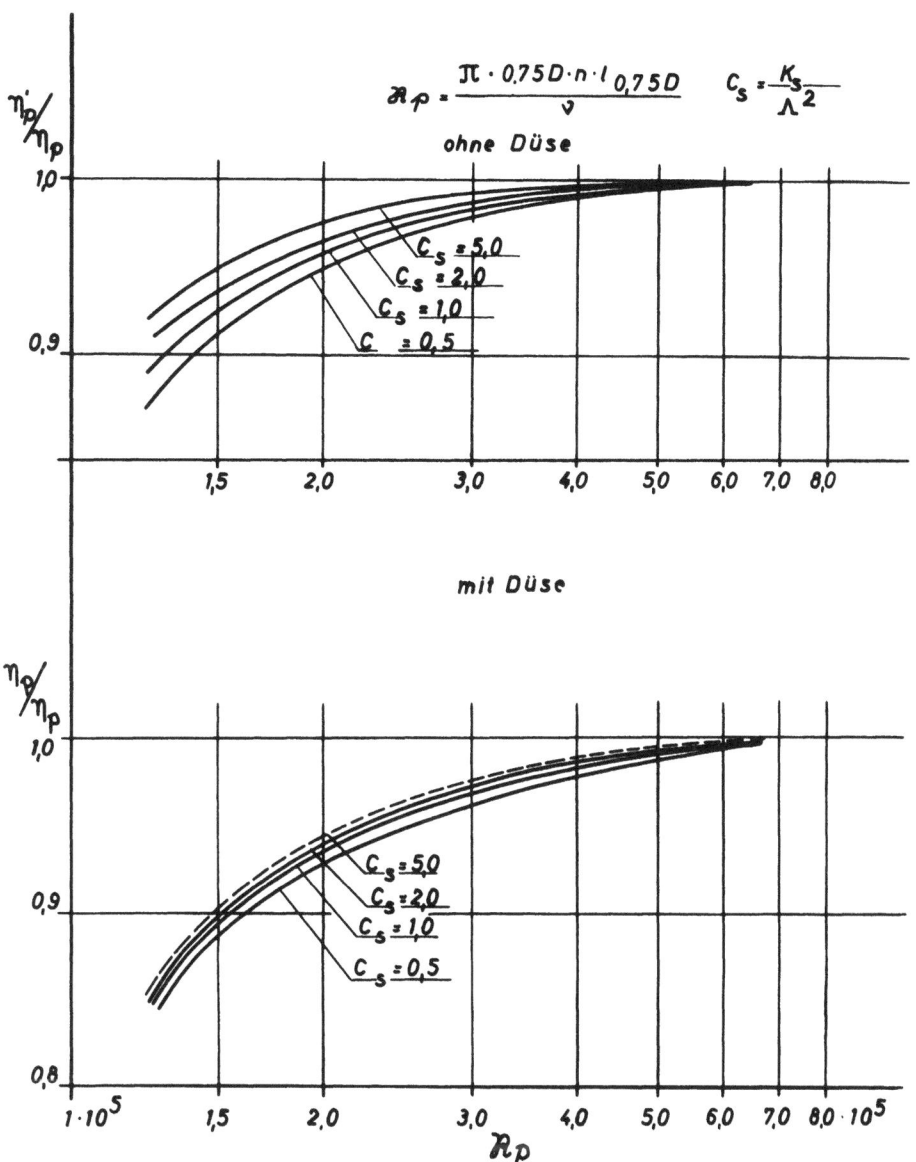

Anlage 15a

Maßstabseffekte in Abhängigkeit von der Reynolds'schen Zahl

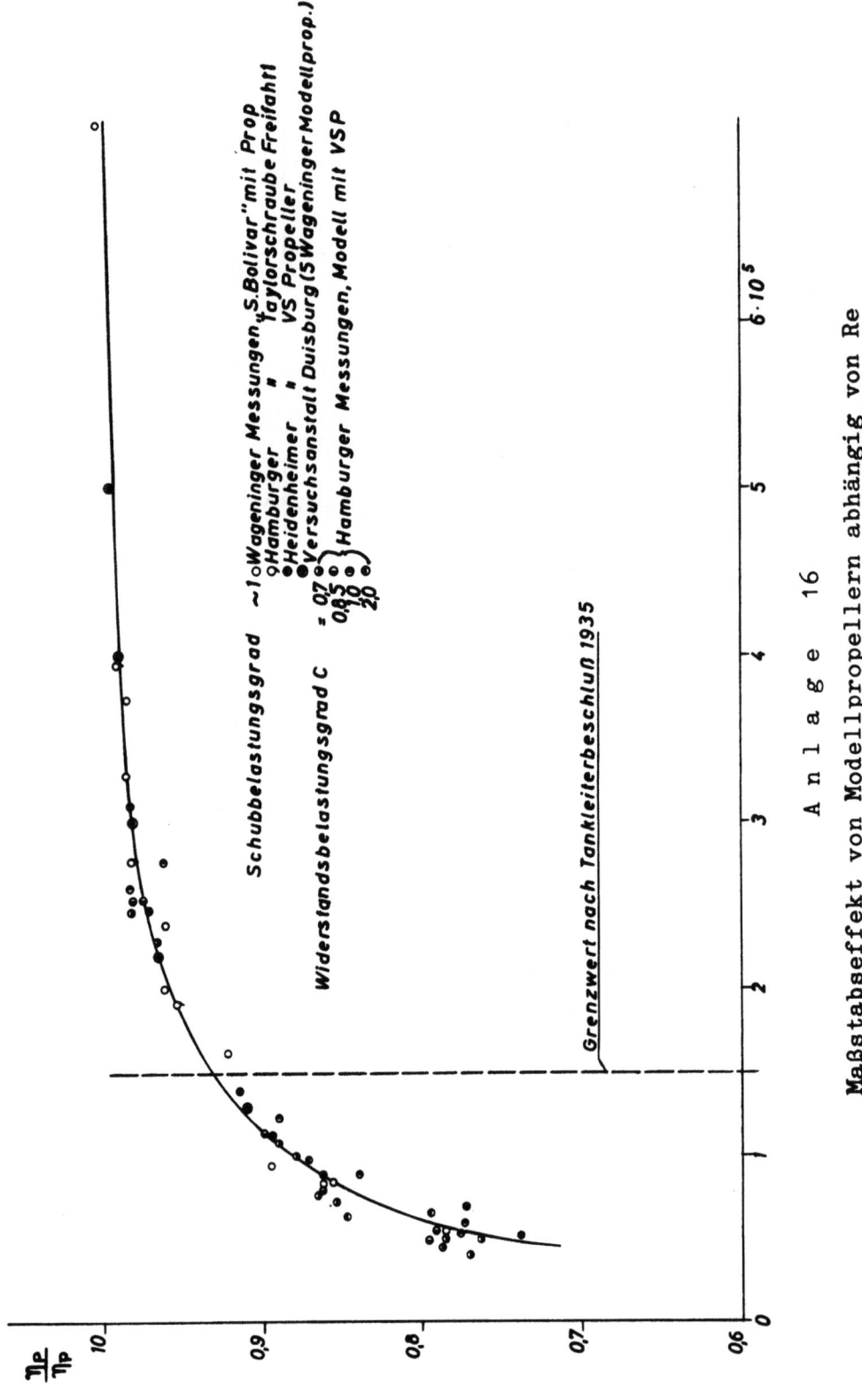

Anlage 16

Maßstabseffekt von Modellpropellern abhängig von Re

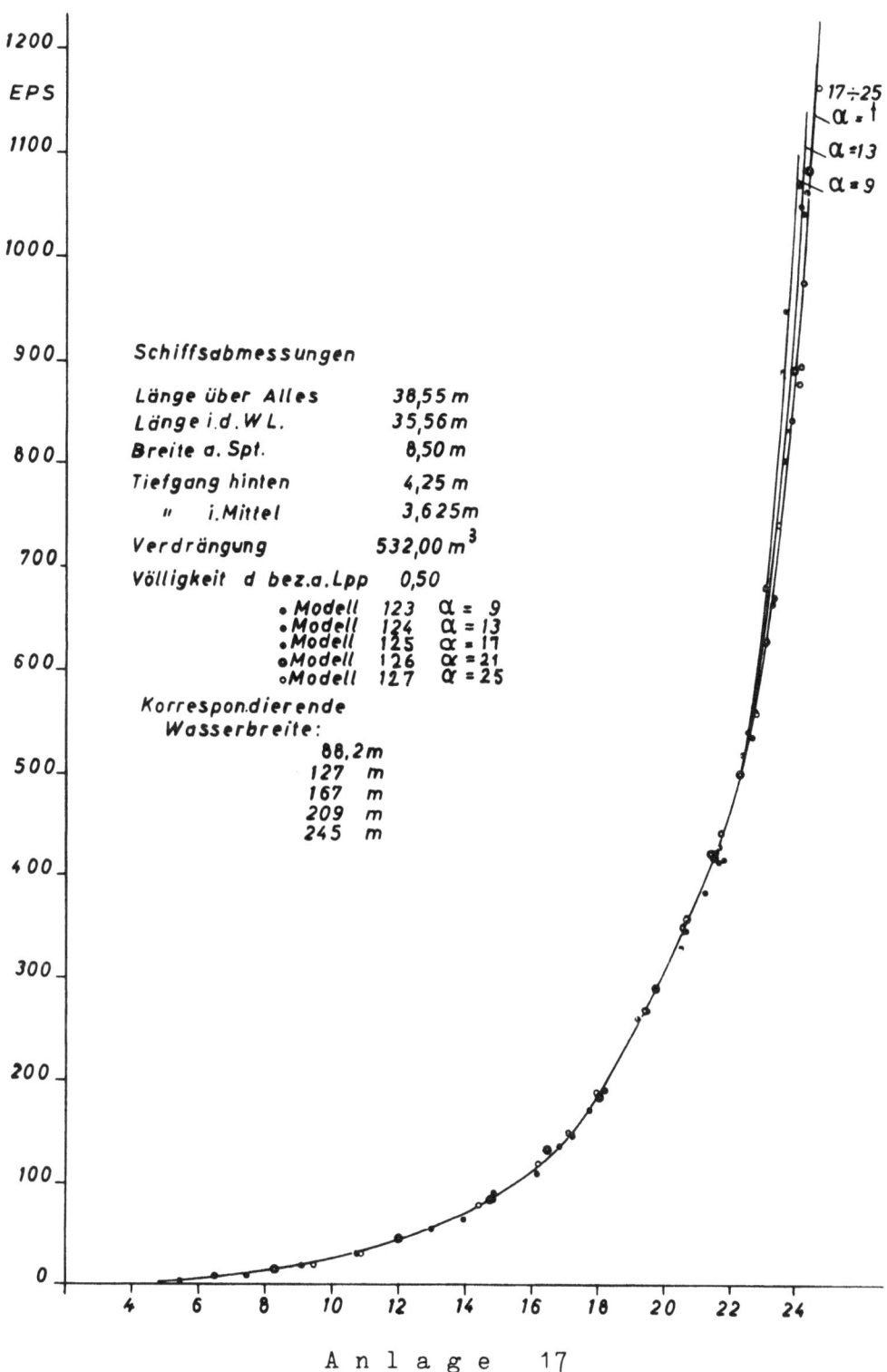

Anlage 17

Maßstabsversuche mit einem Hafenschlepper bei einer Wassertiefe von 9,0 m

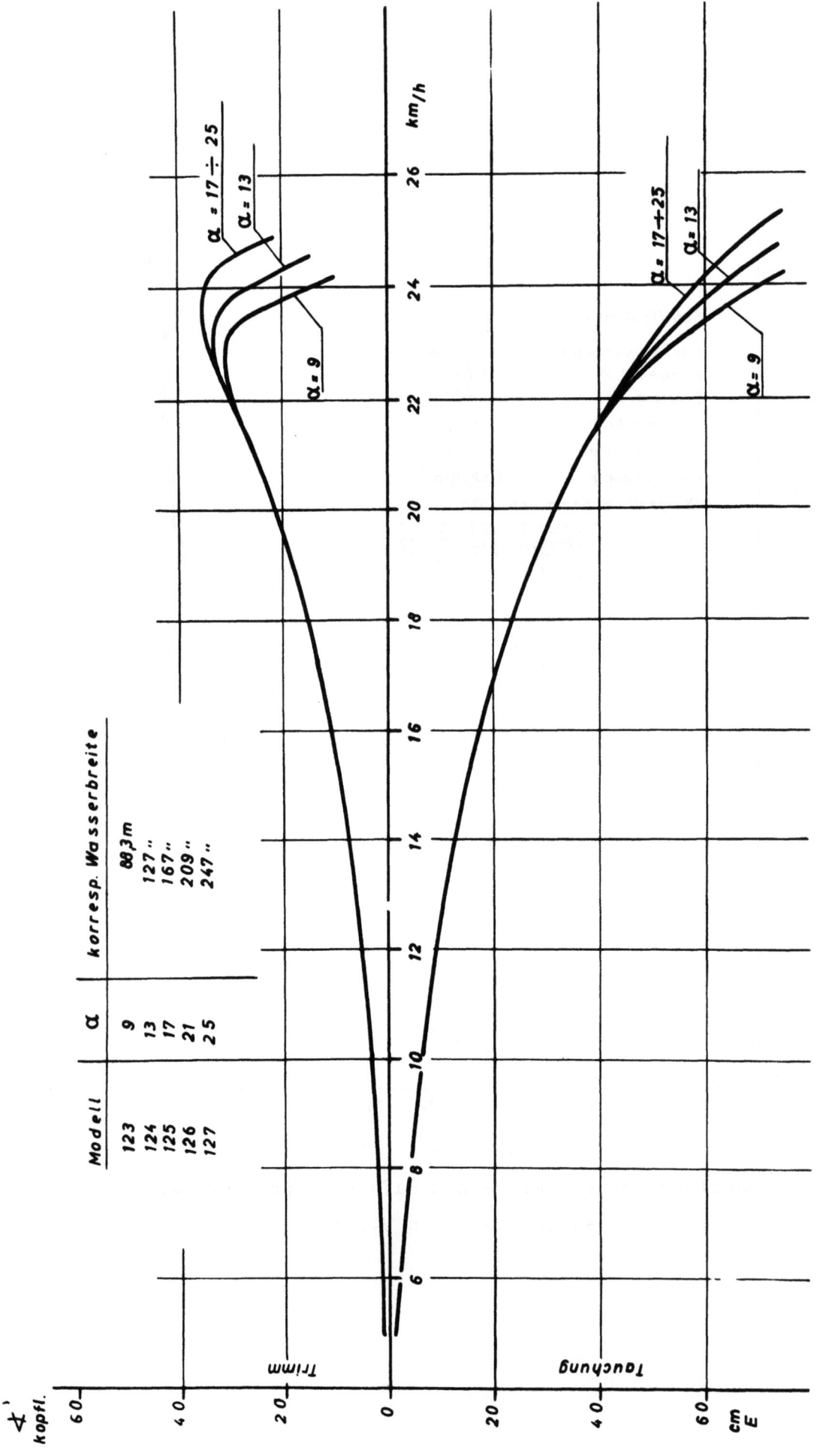

Anlage 18

Maßstabsversuche mit einem Hafenschlepper bei einer Wassertiefe von 9,0 m

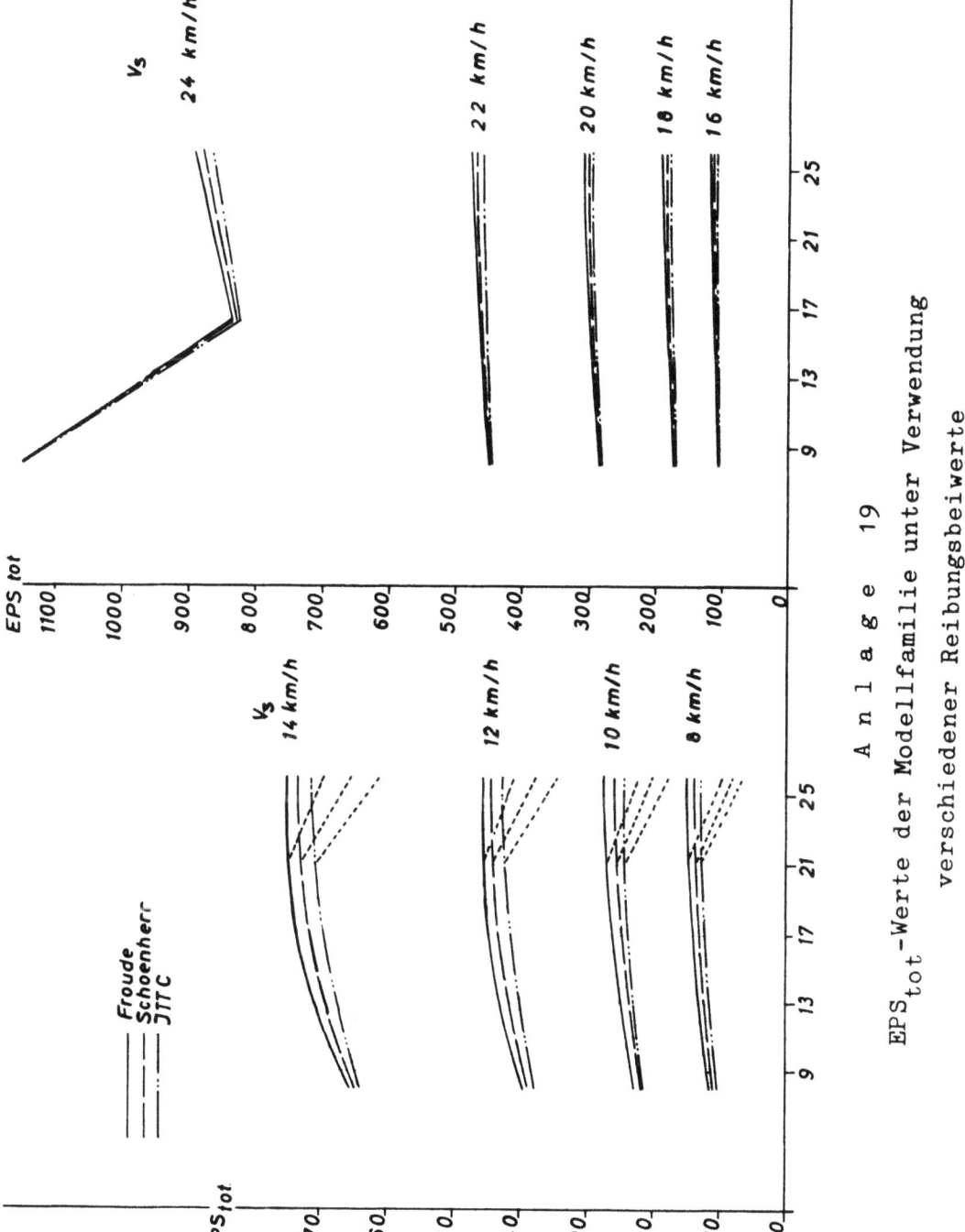

Anlage 19

EPS_{tot}-Werte der Modellfamilie unter Verwendung verschiedener Reibungsbeiwerte

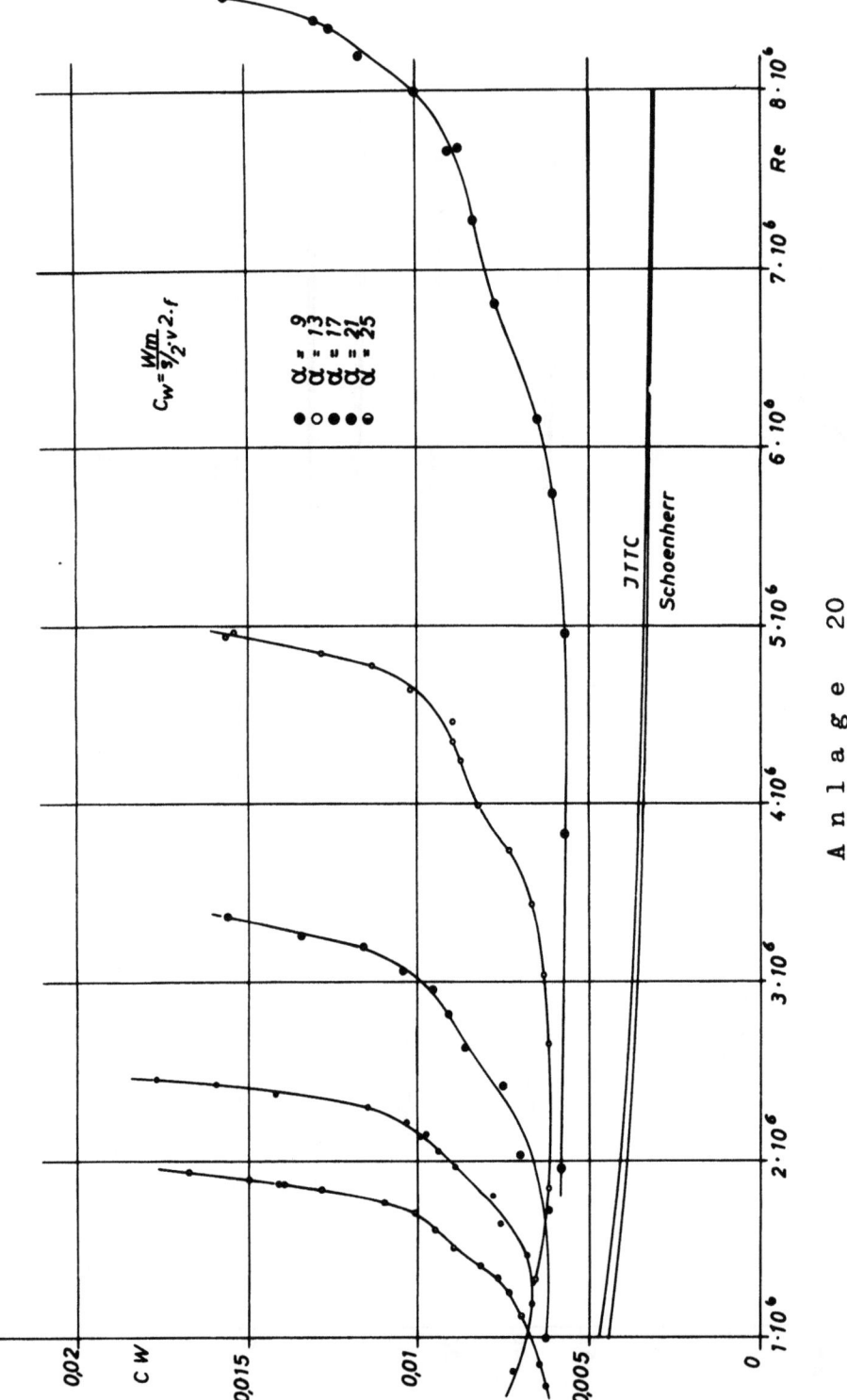

Anlage 20
Widerstandsbeiwerte

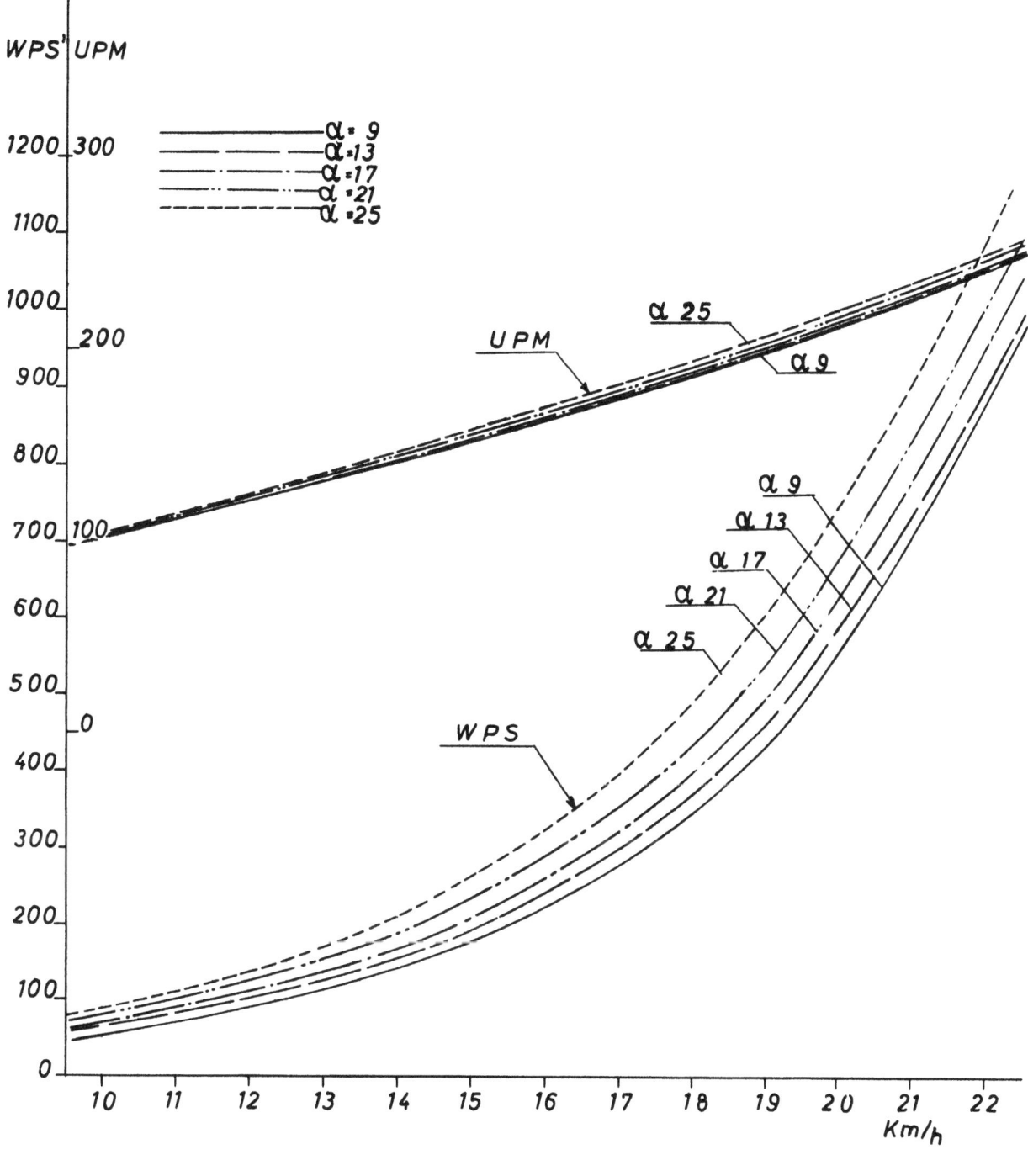

Anlage 21
Propulsionsmessungen bei Freifahrt

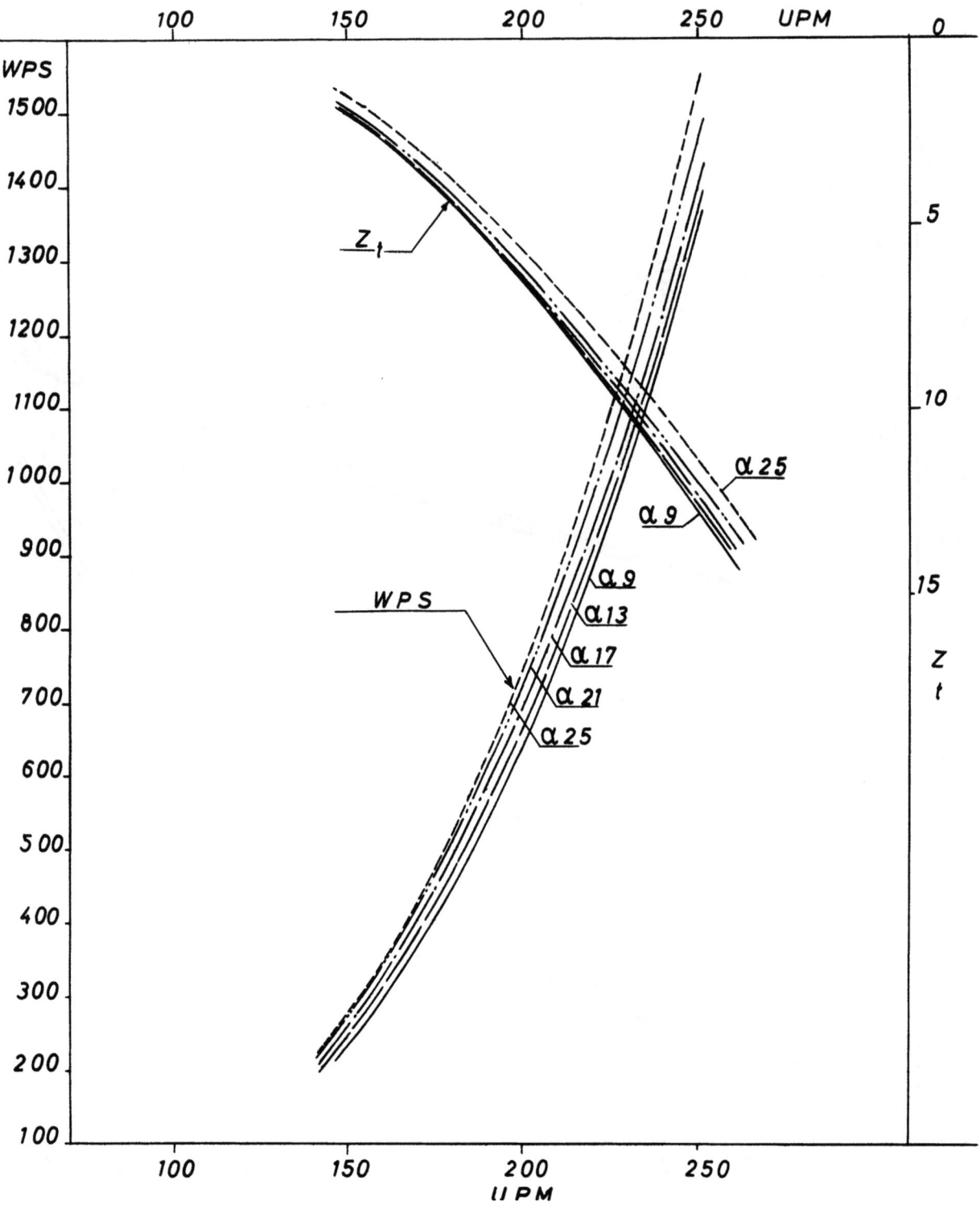

Anlage 22

Propulsionsmessungen bei Schleppfahrt

$V_S = 12$ km/h

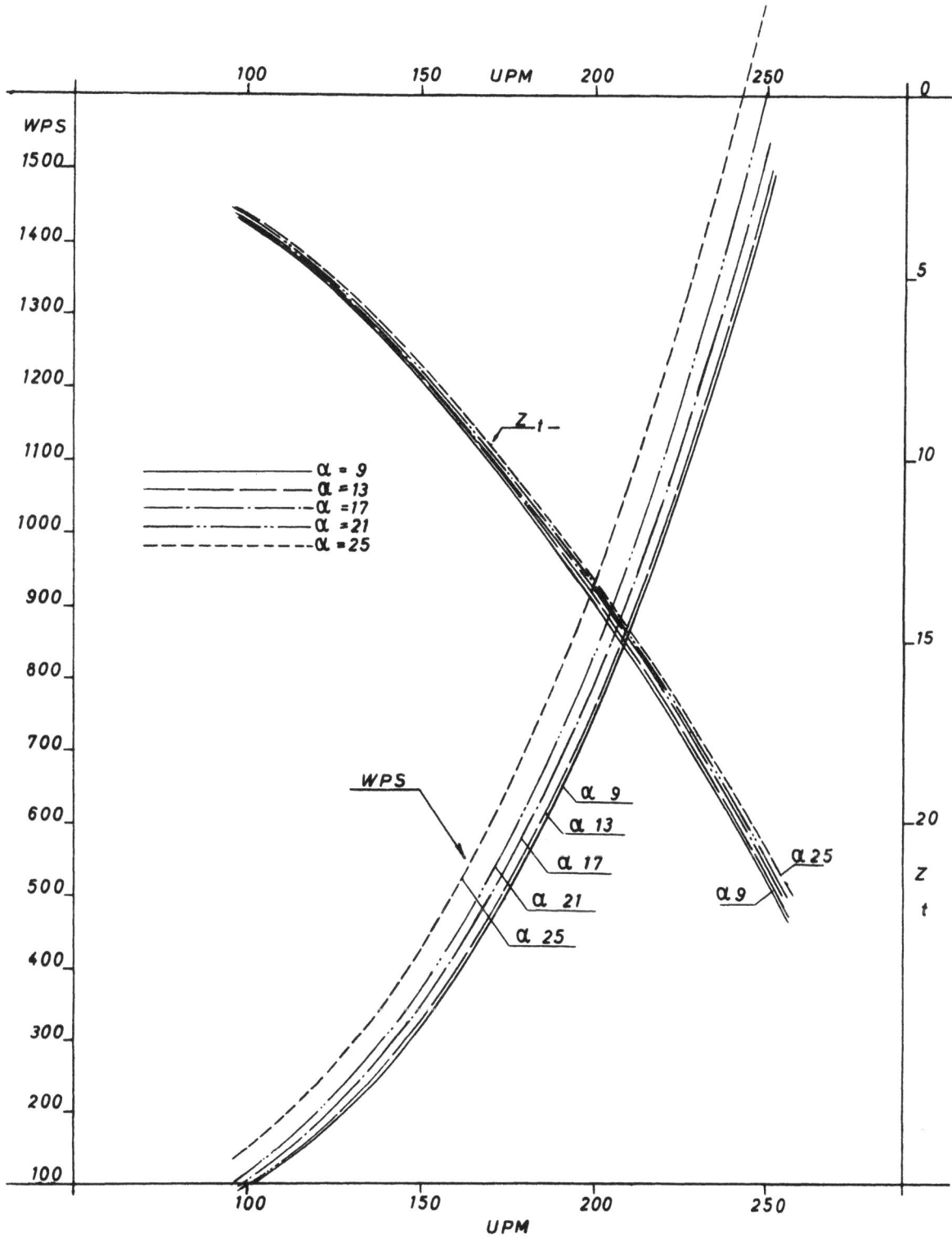

A n l a g e 23

Propulsionsmessungen am Stand

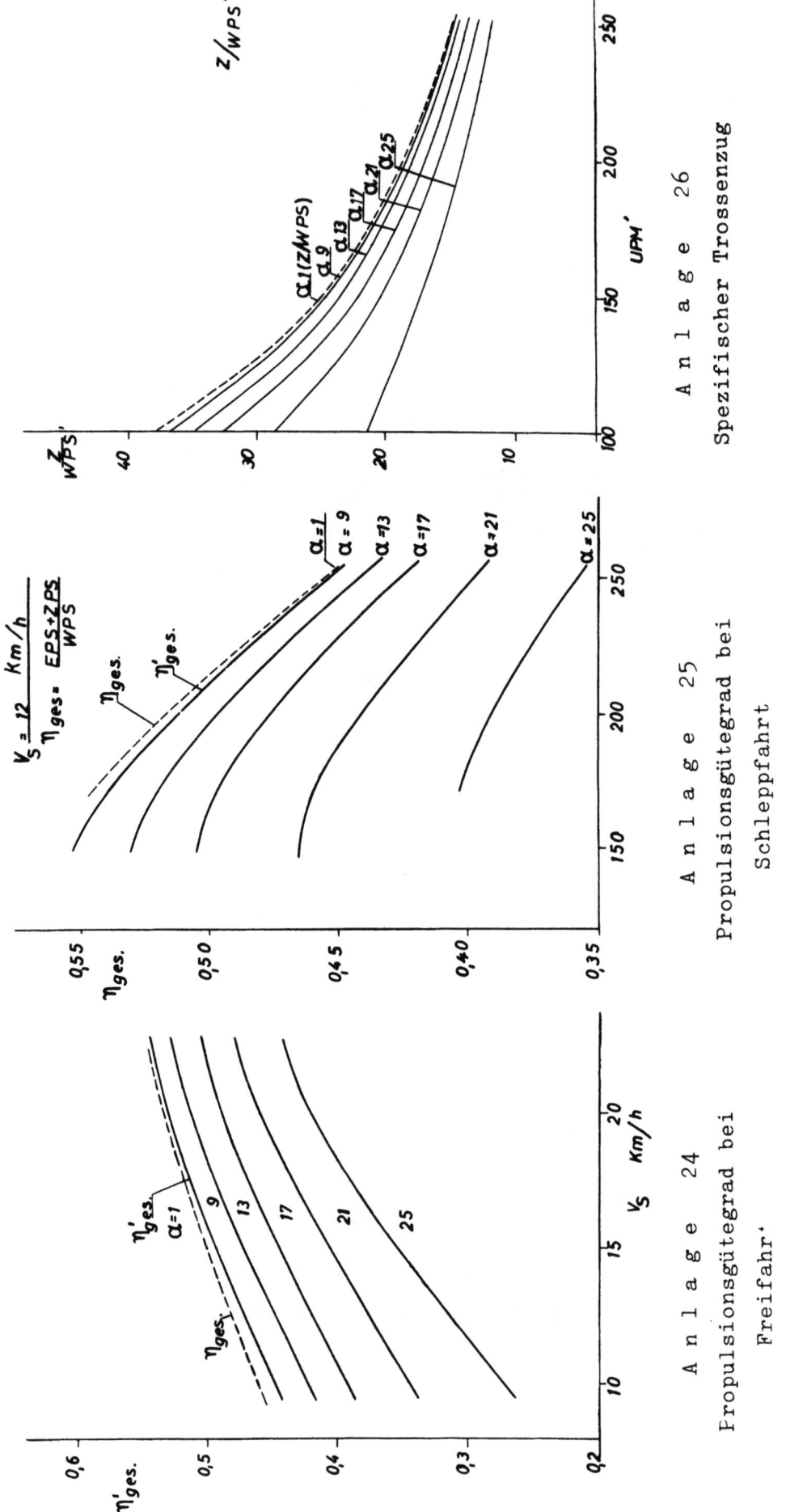

Anlage 24 Propulsionsgütegrad bei Freifahrt

Anlage 25 Propulsionsgütegrad bei Schleppfahrt

Anlage 26 Spezifischer Trossenzug

Seite 52

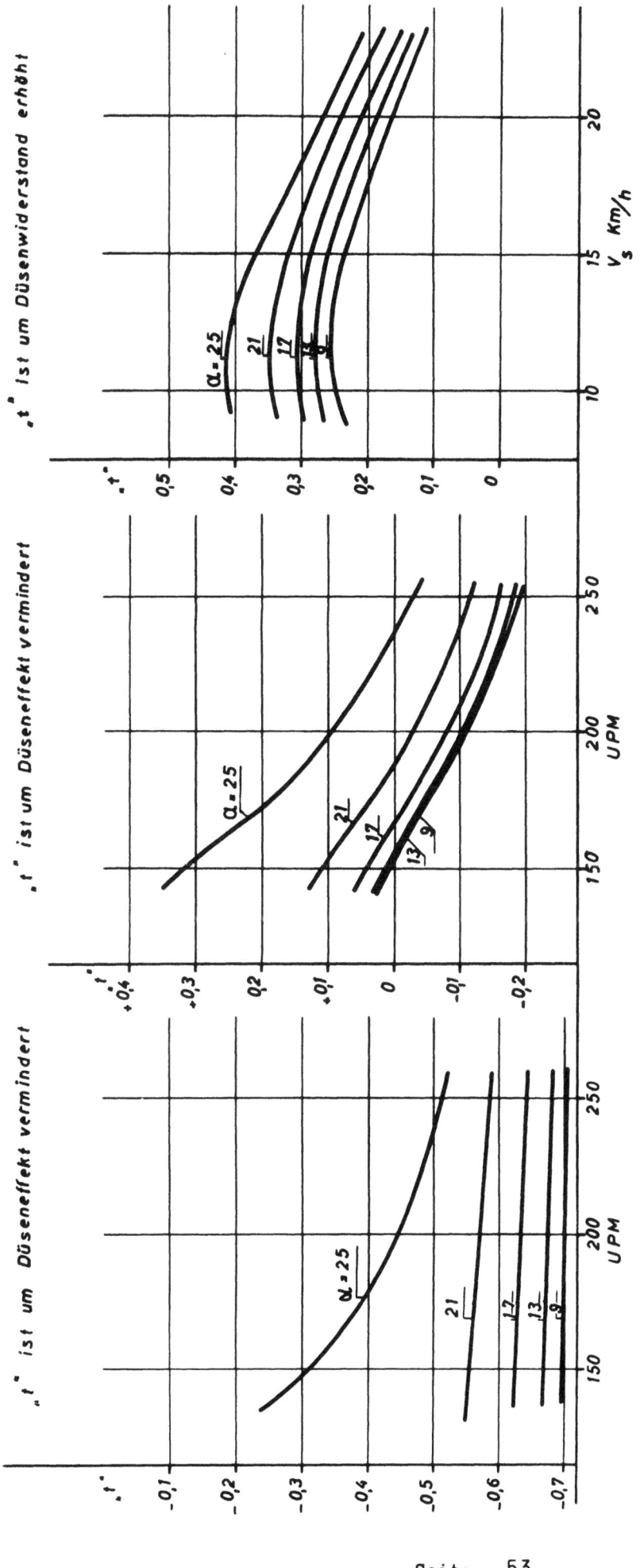

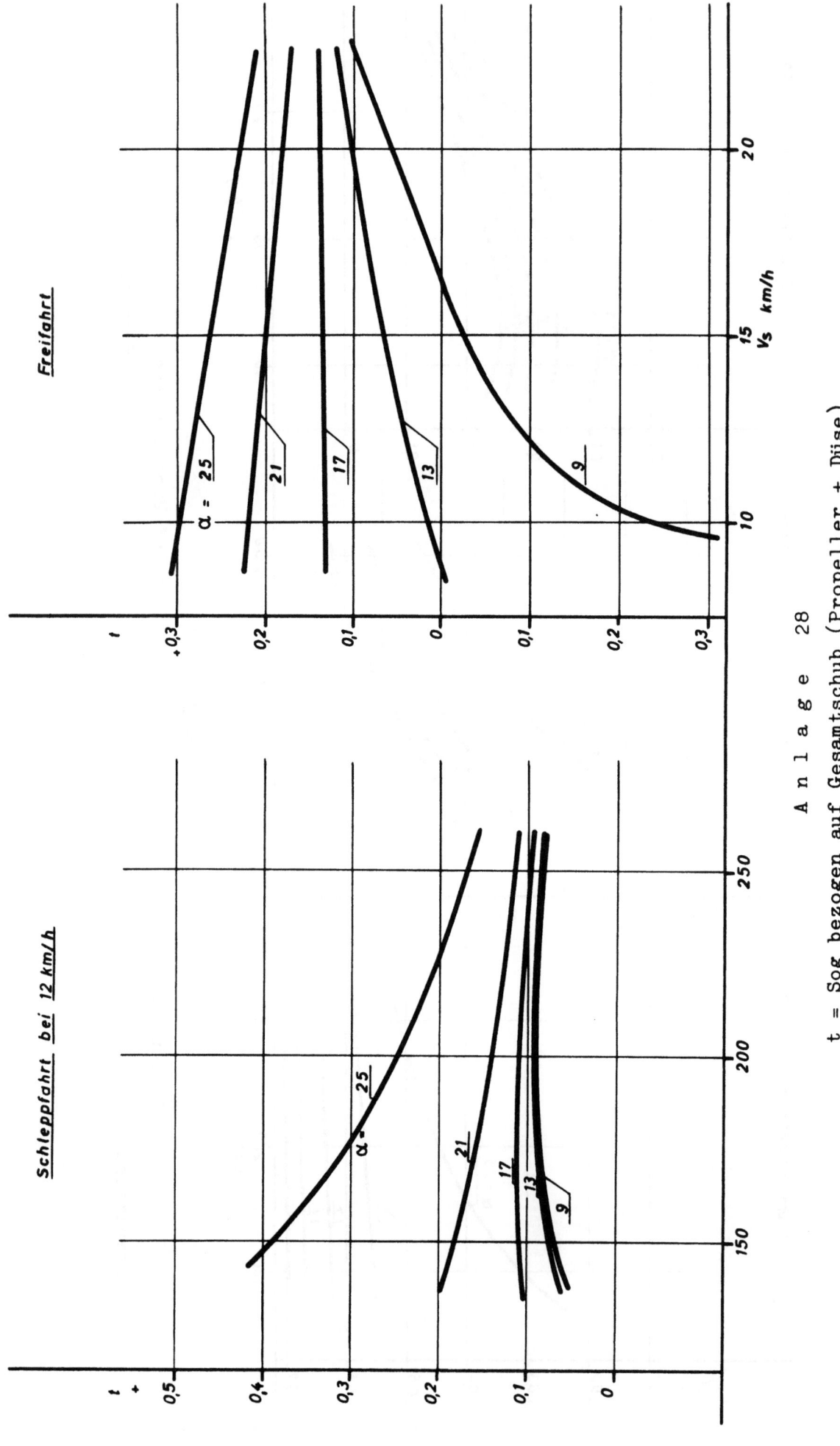

Anlage 28

t = Sog bezogen auf Gesamtschub (Propeller + Düse)
(t = tatsächlicher Sog)

Freifahrt

Schleppfahrt bei 12 km/h

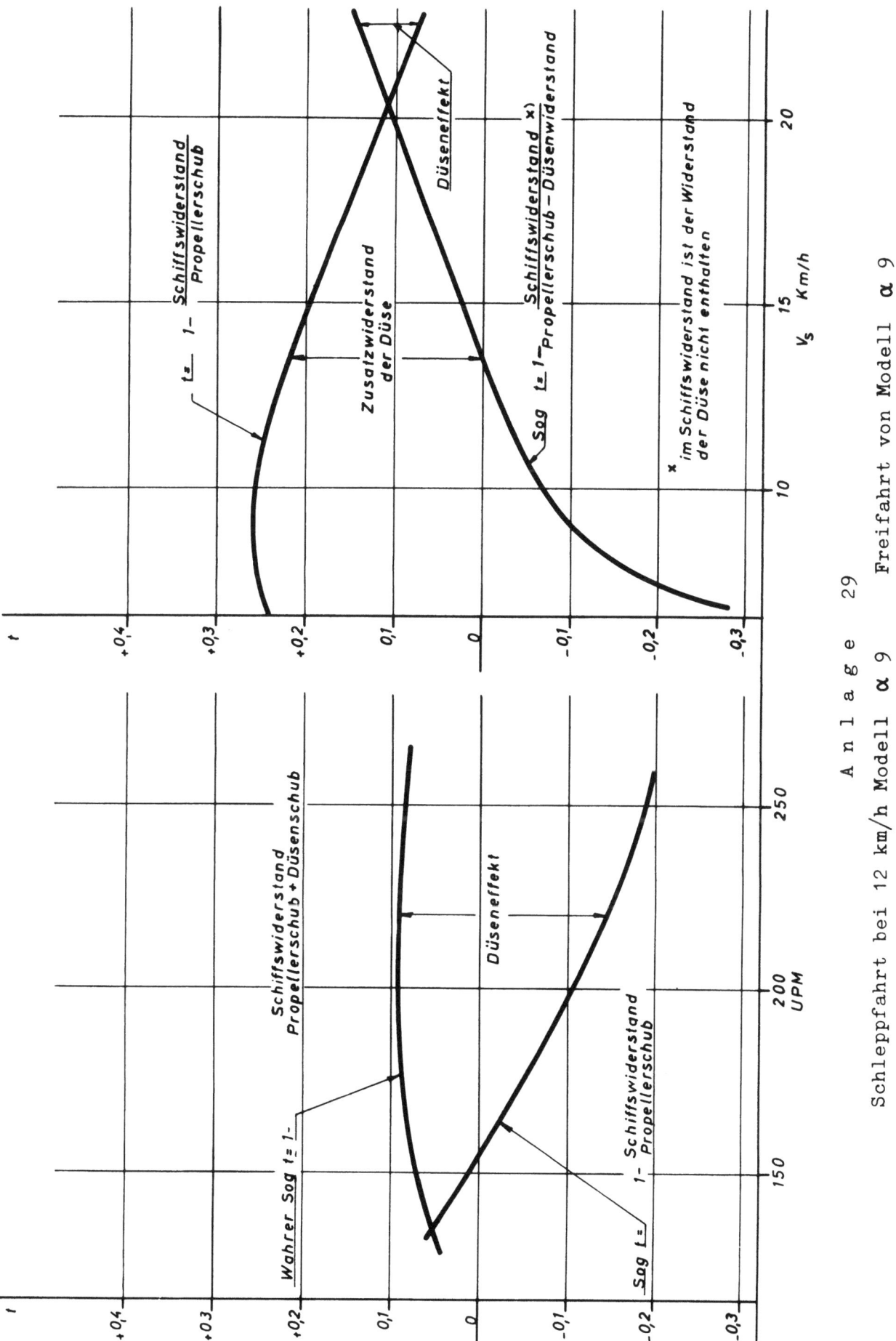

Anlage 29 Freifahrt von Modell α 9

Schleppfahrt bei 12 km/h Modell α 9

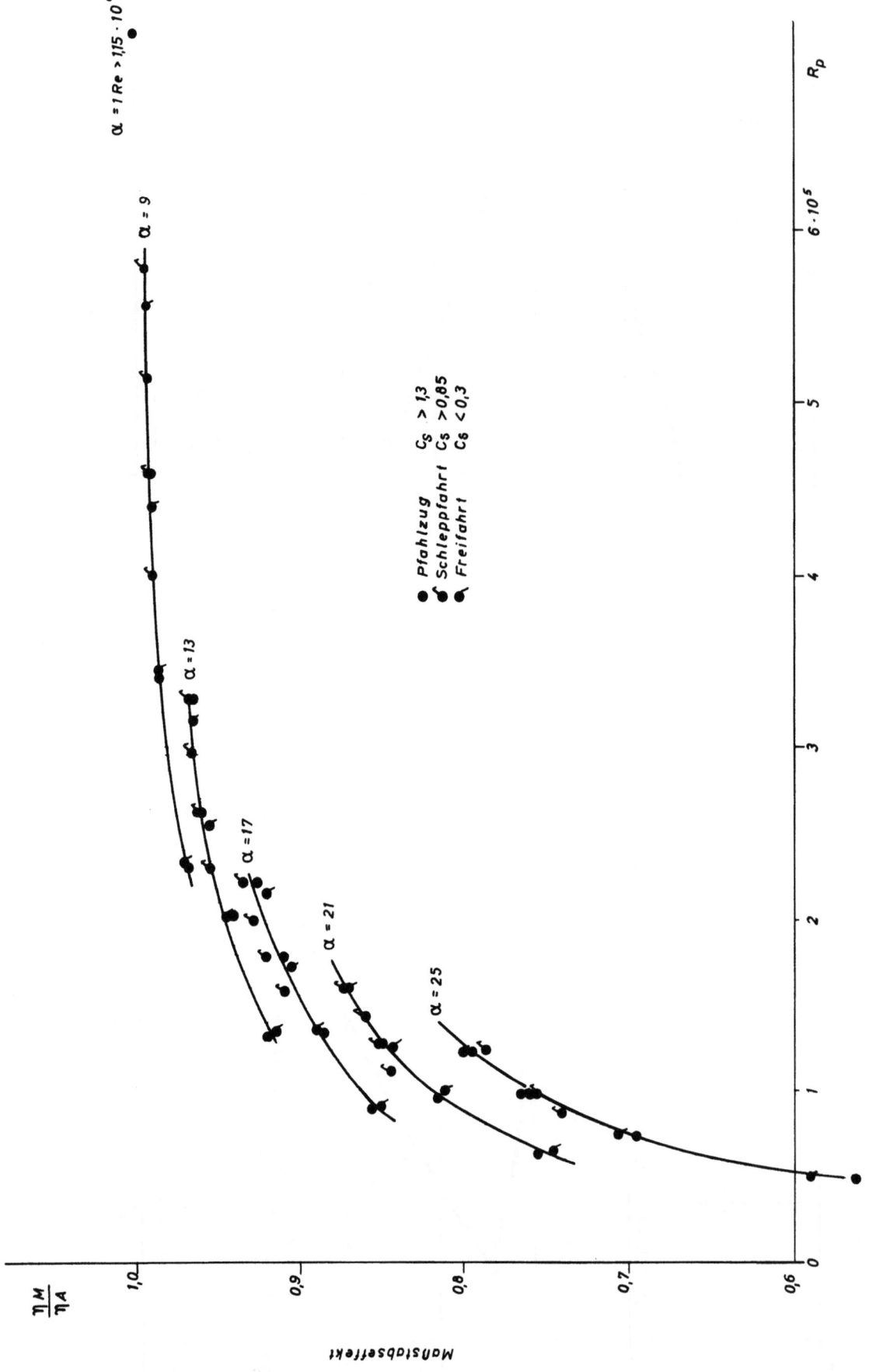

Anlage 30

Maßstabseffekt des Systems am Schiffsmodell

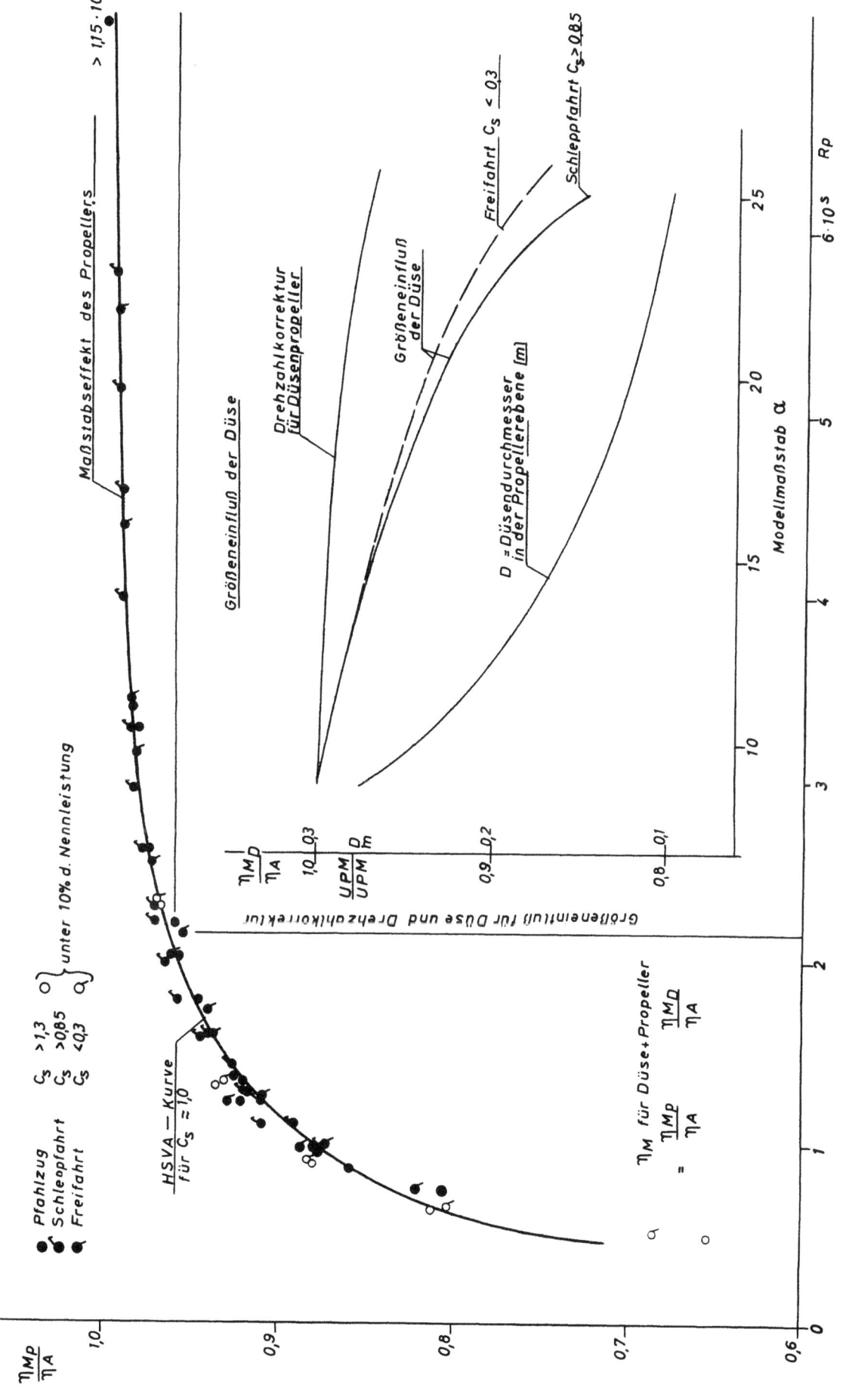

Anlage 31

Maßstabseffekt des Propellers und der Düse am Schiffsmodell abhängig von R_p

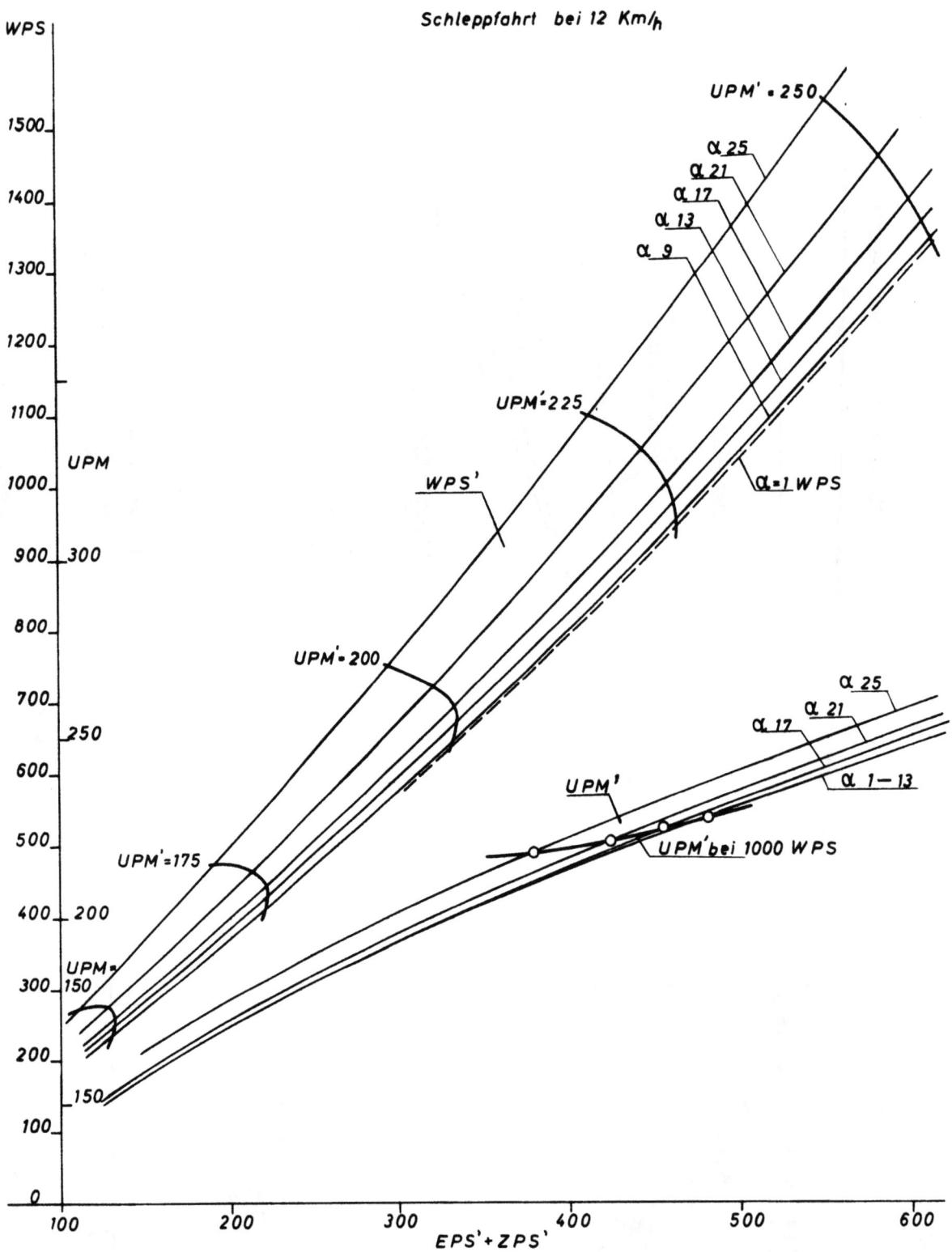

Anlage 32

Ermittlung des Maßstabseinflusses auf die Propellerdrehzahl

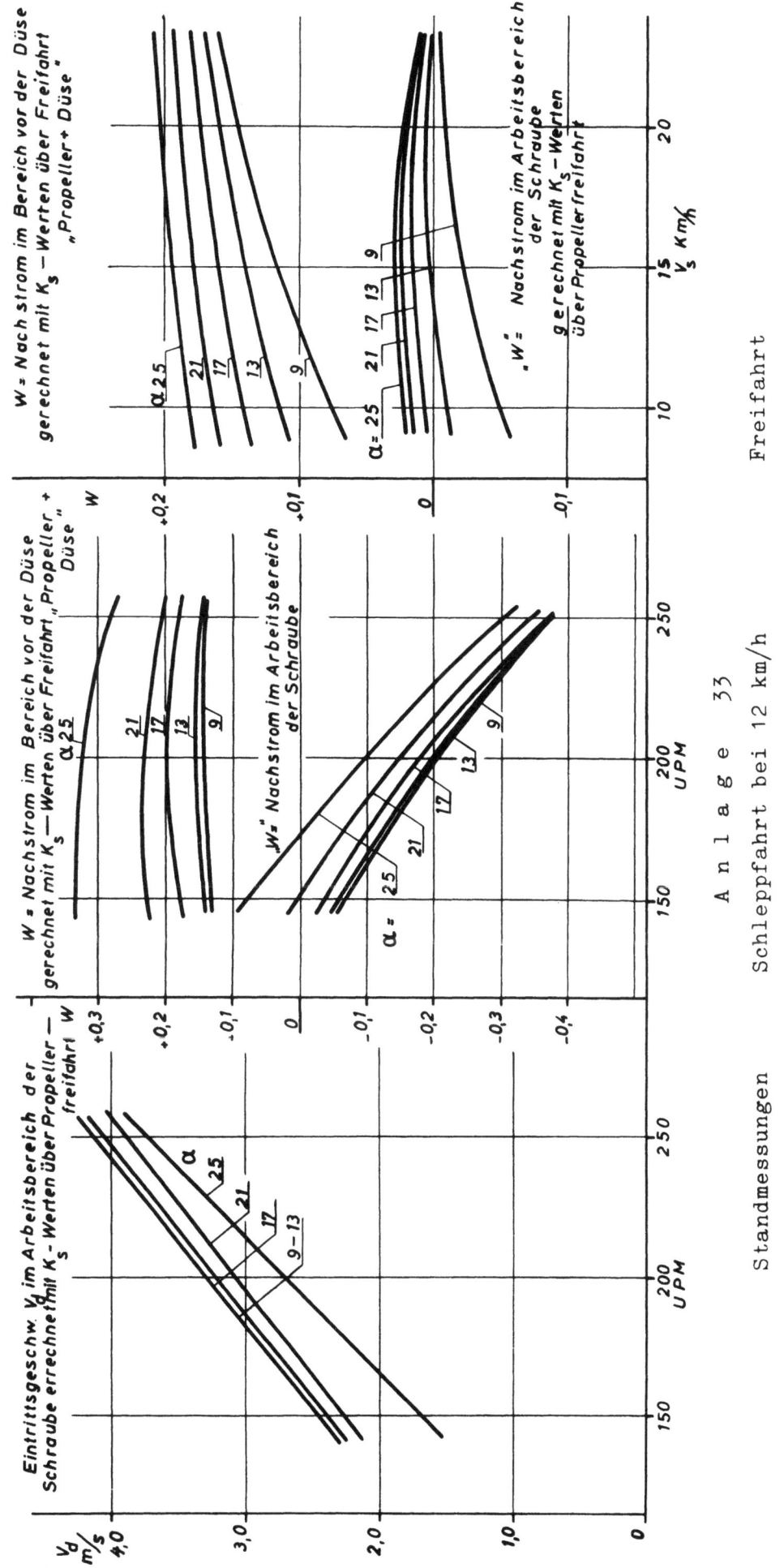

Anlage 33

Standmessungen — Schleppfahrt bei 12 km/h — Freifahrt

Seite 59

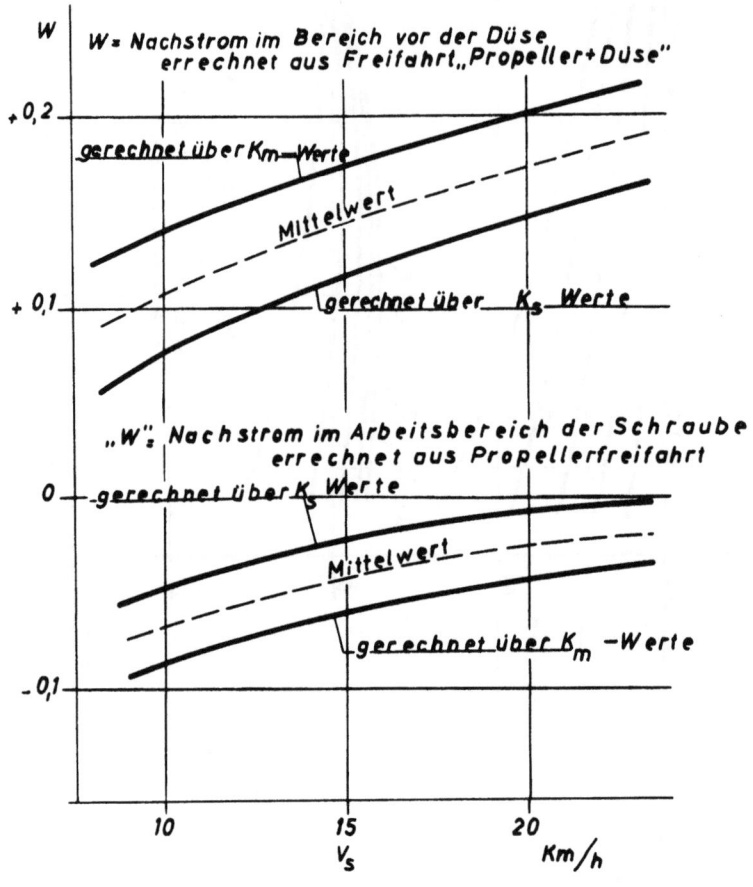

Anlage 34

Freifahrt von Modell α 9

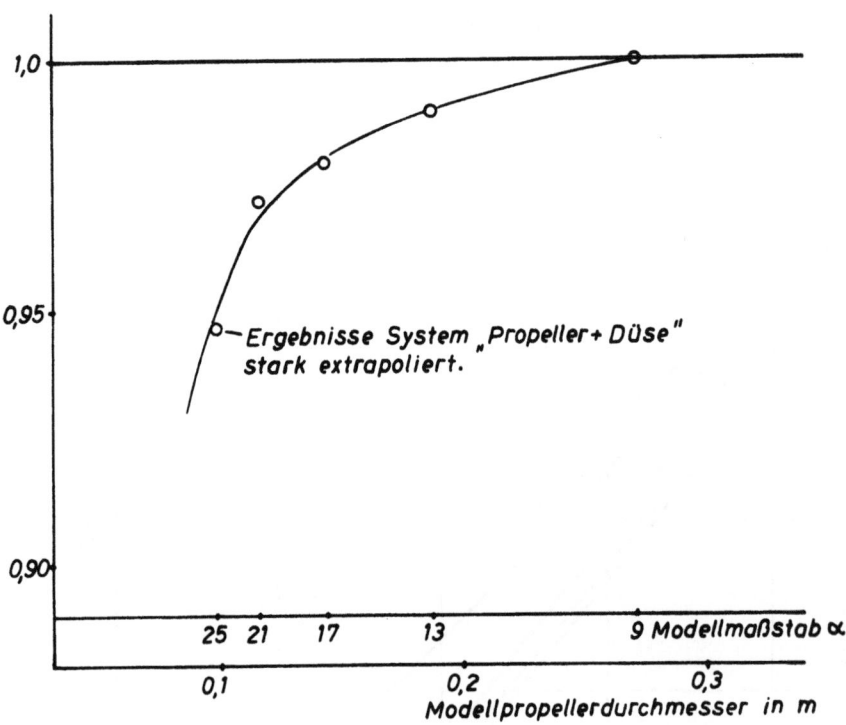

Anlage 35

Größeneinfluß eines Schiffsmodelles auf den Maßstabseffekt von Düsenschraubern

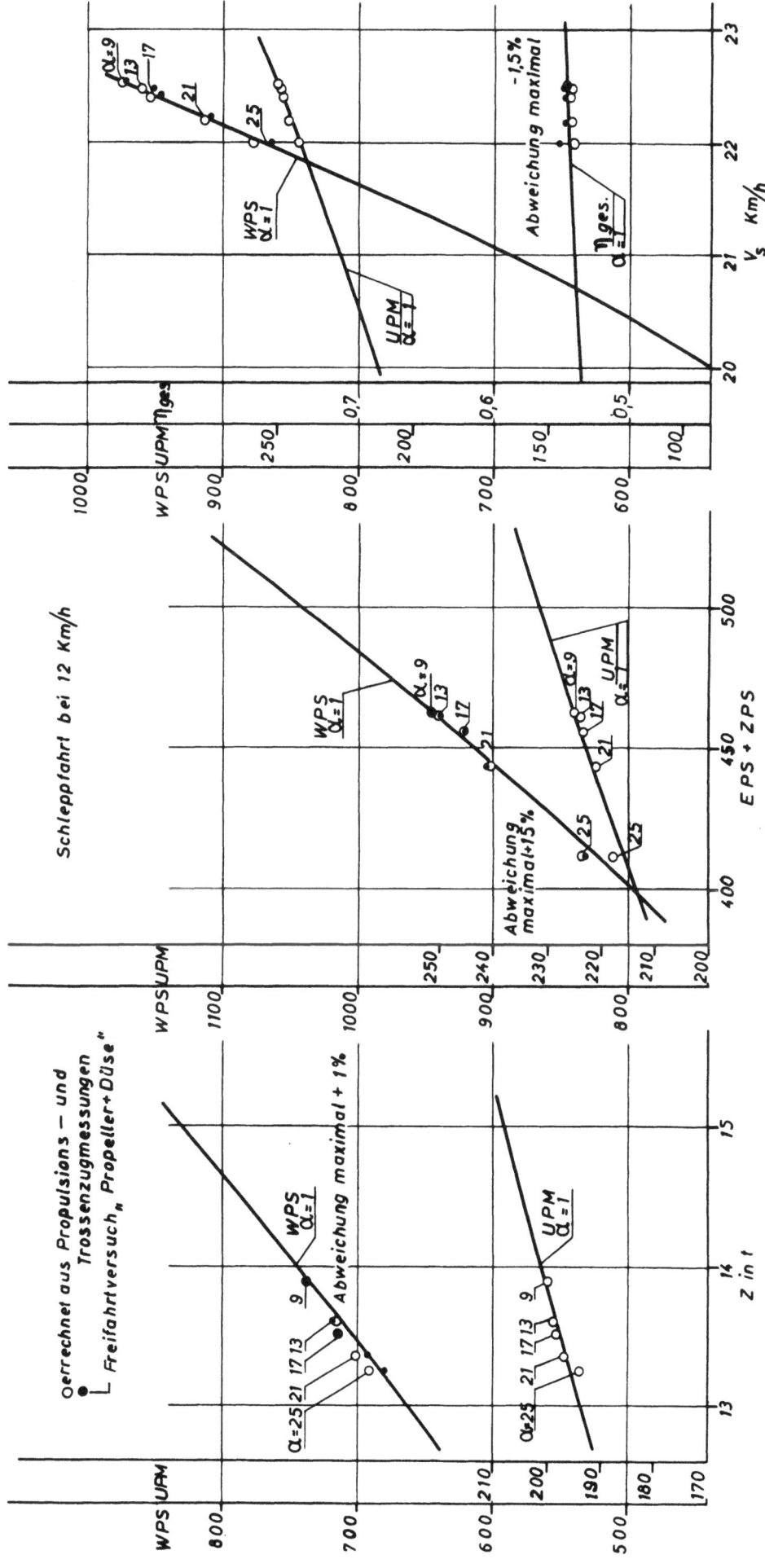

Anlage 36

Umrechnung auf die Großausführung bei Anwendung der mittleren Korrekturfaktoren

Seite 61

FORSCHUNGSBERICHTE DES LANDES NORDRHEIN-WESTFALEN

Herausgegeben durch das Kultusministerium

SCHIFFBAU

HEFT 211
Prof. Dipl.-Ing. W. Sturtzel und Dr.-Ing. W. Graff, Duisburg
Die Versuchsanstalt für Binnenschiffbau, Duisburg
1956, 48 Seiten, 22 Abb., 11,—

HEFT 333
Versuchsanstalt für Binnenschiffbau e. V., Duisburg
I. Der Flachwassereinfluß auf den Form- und Reibungswiderstand von Binnenschiffen
II. Der Flachwassereinfluß auf die Nachstrom- und Sogverhältnisse bei Binnenschiffen
1956, 44 Seiten, 14 Abb., DM 9,80

HEFT 366
Prof. Dipl.-Ing. W. Sturtzel und Dipl.-Ing. H. Schmidt-Stiebitz, Duisburg
Bei Flachwasserfahrten durch die Strömungsverteilung am Boden und an den Seiten stattfindende Beeinflussung des Reibungswiderstandes von Schiffen
1957, 96 Seiten, 39 Abb., 28 Tabellen, DM 20,40

HEFT 475
Prof. Dipl.-Ing. W. Sturtzel, Obering. K. Helm und Dipl.-Ing. H. Heuser, Duisburg
Systematische Ruderversuche mit einem Schleppkahn und einem Binnenselbstfahrer vom Typ „Gustav Koenigs"
1958, 70 Seiten, 38 Abb., 5 Tabellen, DM 20,10

HEFT 476
Prof. Dipl.-Ing. W. Sturtzel und Dipl.-Ing. H. Schmidt-Stiebitz, Duisburg
Einfluß der Hinterschiffsform auf das Manövrieren von Schiffen auf flachem Wasser
1958, 228 Seiten, 138 Abb., DM 54,—

HEFT 561
Prof. Dipl.-Ing. W. Sturtzel und Dipl.-Ing. H. Schmidt-Stiebitz, Duisburg
Verbesserung des Wirkungsgrades von Düsenpropellern durch zusätzlich angeordnete Mischdüsen
1959, 34 Seiten, 11 Abb., DM 9,60

HEFT 617
Prof. Dipl.-Ing. W. Sturtzel und Dr.-Ing. W. Graff, Duisburg
Systematische Untersuchungen von Kleinschiffsformen auf flachem Wasser im unter- und überkritischen Geschwindigkeitsbereich
1958, 48 Seiten, 23 Abb., 12 Tabellen, DM 13,60

HEFT 618
Prof. Dipl.-Ing. W. Sturtzel und Dr.-Ing. W. Graff, Duisburg
Untersuchungen der in stehendem und strömendem Wasser festgestellten Änderungen des Schiffswiderstandes durch Druckmessungen
1958, 34 Seiten, 21 Abb., DM 10,10

HEFT 691
Prof. Dipl.-Ing. W. Sturtzel und Dipl.-Ing. H. Schmidt-Stiebitz, Duisburg
Örtliche Geschwindigkeitsverteilung an den Seiten und am Boden von Schiffen bei Flachwasserfahrten
1959, 174 Seiten, 58 Abb., zahlr. Tabellen, DM 41,70

HEFT 746
Dipl.-Ing. H. Schmidt-Stiebitz, Duisburg
Untersuchung der das Wellenbild beim Übergang vom tiefen auf flaches Wasser beeinflussenden Faktoren
1959, 174 Seiten, 58 Abb., zahlr. Tabellen, DM 41,70

HEFT 763
Dipl.-Ing. H. Schmidt-Stiebitz, Duisburg
Untersuchung über den Ausbreitungswinkel der Bug- und Heckwellen auf flachem Wasser
1959, 40 Seiten, 22 Abb., DM 12,40

HEFT 774
Dipl.-Ing. H. Schmidt-Stiebitz, Duisburg
Einfluß des Wellenbildes auf das Drehkreisverhalten von Flachwasserschiffen bei größeren Geschwindigkeiten
1959, 40 Seiten, 31 Abb., DM 13,10

HEFT 802
Dipl.-Ing. H. Schmidt-Stiebitz, Duisburg
Die Wiederstandsverhältnisse miteinander verbundener getauchter und halbgetauchter Körper

HEFT 815
Prof. Dipl.-Ing. W. Sturtzel, Obering. K. Helm und Dr.-Ing. E. Schäle, Duisburg
Versuche mit ummantelten Schraubenpropellern zur Ermittlung der Maßstab-Kennzahl

---

Ein Gesamtverzeichnis der Forschungsberichte, die folgende Gebiete umfassen, kann bei Bedarf vom Verlag angefordert werden:
Acetylen / Schweißtechnik – Arbeitspsychologie und -wissenschaft – Bau / Steine / Erden – Bergbau – Biologie – Chemie – Eisenverarbeitende Industrie – Elektrotechnik / Optik – Fahrzeugbau / Gasmotoren – Farbe / Papier / Photographie – Fertigung – Gaswirtschaft – Hüttenwesen / Werkstoffkunde – Luftfahrt / Flugwissenschaften – Maschinenbau – Medizin / Pharmakologie / Physiologie – NE-Metalle – Physik – Schall / Ultraschall – Schiffahrt – Textiltechnik / Faserforschung / Wäschereiforschung – Turbinen – Verkehr – Wirtschaftswissenschaften.

If you have any concerns about our products,
you can contact us on
ProductSafety@springernature.com

In case Publisher is established outside the EU,
the EU authorized representative is:
Springer Nature Customer Service Center GmbH
Europaplatz 3, 69115 Heidelberg, Germany

Printed by Libri Plureos GmbH
in Hamburg, Germany